完整食蟲蜥照護指南

菲利浦‧玻瑟（Philip Purser）◎著
江欣怡◎譯

晨星出版

目錄

我 的蝙蝠俠漫畫背面刊了一則廣告，爆炸對話框配上粗體字印刷，宣稱「飼養變色龍好玩又能賺銀子」。除了粗體字，還有一個男孩手握一疊鈔票，小小的綠色蜥蜴快樂地在他的肩上歇息的漫畫，男孩與蜥蜴都笑容滿面。我小心翼翼地從漫畫書背面剪下這則廣告，放進信封，並附上 1.55 美元，然後跑出去投進郵筒。

　　大約八週後，我收到了一個棕色的小盒子。各側都打了 24 個小洞，最上面則蓋了一個印章「注意：變色龍活體」。我小心打開盒子，連胃都期待到絞痛起來。我移開隔板，看到盒底有一隻棕色的小蜥蜴。我馬上帶著我的「變色龍」去樓上，把牠放進玻璃飼育箱裡。我開始盤算這個小傢伙會像漫畫上吹噓的，替我賺進「大把銀子」。

　　三天後，我的「變色龍」死了。

　　我那時八歲，而漫畫廣告商寄給我的那隻「變色龍」並非變色龍，而是綠變色蜥，我一直到十年後才知道真相。事實上，綠變色蜥與真正的變色龍天差地遠，兩者幾乎沒有共同特徵。唯一的類似之處，廣告商可藉此逃避做假廣告的責任，就是綠變色蜥與變色龍都具有程度不一的變色能力。

前言

　　原以為是真正的變色龍，跟實際收到的卻是躺在盒底一動也不動的綠變色蜥，兩者還有另一個共同點：牠們都是食蟲蜥。食蟲代表「吃昆蟲」，而且適用於全世界各式各樣的蜥蜴。從守宮、石龍子到飛蜥等，成千上萬隻小型到中型的蜥蜴，真的幾乎每餐都吃六隻腳（有時更多腳）的獵物，都有同樣的進食特性。吃同樣菜色的簡單事實，能應用在一套大多數寵物蜥蜴都適用的飼養知識：一旦學會如何正確地照顧一種食蟲蜥，大抵就擁有照顧其他物種的技術與知識。最棒的地方是，食蟲蜥的種類繁多與身體差異，能為各階段的愛好者帶來廣泛的樂趣與令人興奮的挑戰。從飼養一對綠變色蜥的爬蟲類新手，到繁殖一群卷尾蜥的老手，食蟲蜥世界讓每個人都能各取所需！

　　本書就是因此而生。無論是爬蟲類專家或新手，只要有興趣學習更多關於目前買得到的食蟲蜥，都是方便取用的資源手冊，所以別怕把封面捲彎、把書角折起、把書翻到爛。我本來就希望本書常被大家利用與參考。希望內容能回答疑惑、解決問題，並消除努力飼養食蟲蜥時所遇到的難題。

第一章

取得蜥蜴

想建立欣欣向榮的食蟲蜥群落，或選擇作為單一寵物的合適個體，第一步就是取得。取得爬蟲類的地點與途徑，部分決定了飼主與蜥蜴關係的長久、圓滿與成功。我們都希望盡可能與寵物度過美好的時光，所以不難看出取得階段如此重要的原因。

縮小範圍

　　在選擇取得寵物蜥蜴之前，應該先決定想要的物種，或至少決定想要來自哪種環境的物種。舉例來說，你會想養棲息在沙漠的蜥蜴嗎？這些動物一般都比其他棲息地的動物，需要更酷熱與較高瓦數的紫外光燈。這種額外的加熱與照明需求，會在打造飼養環境時轉為較高昂的設備費用與初步開銷。或者你更偏愛飼養夜行性蜥蜴，如大守宮，雖然也需要熱能，但只要少量的紫外光照明。沙漠物種在白天比較能見到其蹤跡，但夜行性物種在飼養時能省下為數不少的金錢。

購買蜥蜴前先理解牠的需求。耐寒、棲息在森林的種類，如豹紋守宮（*Paroedura pictus*，上圖），需要的飼育箱與嬌弱且棲息在沙漠的德州角蜥（*Phrynosoma cornutum*，下圖）迥然不同。

　　體型也是重要的考慮因素。你可能很喜歡亞洲樹棲性蜥蜴，但你有足夠的空間能容納這些蜥蜴所需的大飼育箱嗎？或者你想找的是桌上型夥伴？棲息於草原或莽原的小型石龍子，也許可以成為理想的小空間個體，適合空間有限的愛好者入手。到頭來，一切都是妥協問題，只要回答幾個基本問題，關於你確實能給新蜥蜴的時間、空間與金錢，就能精確決定適合的物種。

　　本書後半段將全心

全力回答這些問題。在深入閱讀之前，建議翻到物種小檔案的章節，看看你有興趣的蜥蜴。當然，市面上的物種比我列出的還更多，你可以上網搜尋各種蜥蜴的更多資訊（有很多爬蟲類相關的網站）或者跟寵物店的工作人員談談。

蜥蜴的來源

取得寵物蜥蜴有三個管道：寵物店、網路零售商及爬蟲展。這三種場所各有優缺點，且無論哪種來源對你的需求都很有利。

寵物店

第一個管道是寵物店。這些店的範圍從傳統的家庭式經營到連鎖超市。寵物店大多是新手愛好者取得活體的最佳途徑，不只能現場檢查有興趣購買的動物，而且大部分寵物店有各種退換貨政策。每家店的活體退換政策有所不一，務必在購買前確實理解該店的政策。

一旦進到寵物店，檢視所有爬蟲缸與飼育箱，查看那邊活體普遍的健康跡象。所有的爬蟲類與兩棲類看起來健康嗎？牠們的舉止正常嗎？有任何一隻看來過瘦嗎？眼睛有閉上或凹陷嗎？飼育箱是乾淨且燈光明亮還是寒冷、黯淡，或是被排泄物弄得很髒嗎？飼育箱裡會擁擠嗎？整體而言，獨居或少量群居的蜥蜴比大量群居的蜥蜴健康。動物擠在一起通常壓力很大，會降低食慾並增加罹病的風險。我個人會避免購買放在擁擠飼育箱的蜥蜴，也建議讀者們這麼做，絕對是較明智且能降低風險的手段。

網路來源

下一個途徑是網路零售商。在生活與網路息息相關的時代，網路上爬蟲類和兩棲類的供應商大量出現，網路訂購的主要優勢是，能接觸到比寵物店更多樣的種類。網路零售商經常是能提供稀有物種的高度專業

經銷商或繁殖者。經驗較豐富的愛好者對他們想入手的蜥蜴知之甚詳，通常會直接向網路零售商訂購。

網購會遇到的問題就是，買蜥蜴省下的錢被運費抵銷掉。只有在非常特殊的情況下，像是經驗豐富的愛好者用固定運費訂購到非常珍稀的物種或龐大的數量，網路途徑才真的划得來。

除了令人卻步的運費外，網路零售商也無法提供購買前檢查活體的機會，除非賣家會為活體個別拍照，並整理成目錄上網刊登（現在較為普遍），否則無法得知蜥蜴的外觀、性情或人工飼養時的表現。

在動物的健康狀況上甚至要冒更多風險。網路訂購迫使買家得完全信任賣家的道德。然而有幾個步驟，可以確保訂購體驗盡可能成功。首先，找出有信譽、有（並遵守）合理的退換政策與保證活體運送的網路業者，試著查出這位業者經營多久。在爬蟲類與兩棲類雜誌後面的分類廣告尋找，因為大多數願意花錢在雜誌上刊登廣告的賣家，都很認真看待自己的工作，非常有可能提供優秀的活體。你大概也想做些調查，看看所選的賣家有何評價，在購買前看看其他愛好者對業者的評價。

萬一選擇上網購買，一定要小心爬蟲論壇或換物網站。儘管能在這種網站找到各式各樣獨特的食蟲蜥，務必謹記你正在應付在廣告

寵物店環境清潔且擁有知識淵博的店員，是入手常見蜥蜴的好途徑，如卷尾蜥（*Leiocephalus schreibersi*）。

尋找蟲子

這是我個人檢查爬蟲類的秘密之一。這個把戲對購買健康的蜥蜴極其重要，而且做起來很簡單。先拿一張白色紙巾，不要選有花紋或有顏色的，因為會影響結果。以無化學成分（不含皂、氯）的溫水沾濕，大致包住整個蜥蜴身體的長度（依蜥蜴的大小而定）。然後反方向輕撫紙巾，從頭部到尾部。重複這個動作好幾次，再打開紙巾，檢查體外是否有寄生蟲。

你要找的是蟎或蜱，也是最常在野生個體出現的寄生蟲。蜱顯而易見，因為光用肉眼就很容易看到這種又小又胖的野獸。蟎比蜱的體型更小，牠們以龐大的數量侵擾爬蟲類。如果有蟎，會在紙巾上以紅色、黑色或灰色爬行的小斑點現身，當然，幾乎任何卡在蜥蜴鱗片的底材碎片，在外行人眼中都像蟎。注視你看到的斑點一會兒，只要開始亂爬，就是蟎。

蟎是暗中危害的寄生蟲，能把小型蜥蜴的血吸乾。如果飼育箱有一隻蜥蜴中標，就代表箱中所有蜥蜴都中標。大部分的愛好者也發現，如果寵物店有一個飼育箱有蟎，就算不是全部，每次至少都會有一些其他的飼育箱及其居住者被感染蟎。絕對不要購買身上有蟎的蜥蜴，我建議別在蟎出現的店家購買任何爬蟲類。

與販售上不見得合乎道德的人，每年都有很多人分享在爬蟲論壇的負面購買經驗。再提醒一次，盡可能與其他愛好者推薦的賣家交易。

爬蟲展

取得寵物蜥蜴的最終途徑是所有方法裡我最愛的：爬蟲展。爬蟲展邀請全國與全球專業的繁殖者與收藏家，以深具競爭力的價格販售蜥蜴。爬蟲展通常在會議中心、展演廳與其他民眾集會場所舉行，這些活

動擁有一排一排的桌子、攤位及展台，放滿所有外形與大小的爬蟲類與兩棲類。不只有各種蜥蜴大量銷售，也能在購買前實際檢查有興趣的特定蜥蜴。

在爬蟲展向專業的繁殖者購買好處多多。大多數在爬蟲展做生意的繁殖者非常認真對待配種與動物。他們會給他們的動物最好的，並把最好的活體賣給買家。繁殖者也是取得詳細資訊的最好來源。直接向繁殖者購買比向大量進口的

爬蟲展是親眼見識稀有蜥蜴的絕佳地點，像是這隻巨型環尾蜥（*Cordylus giganteus*）。

業者購買還貴，但額外的花費絕對值得。專業的繁殖者常提供進口商沒有的售後保證與服務。我建議任何尋找優質寵物蜥蜴與絕佳建議的愛好者，在爬蟲展向專業繁殖者購買。

在爬蟲展買蜥蜴僅有的缺點之一，就是所有買賣都是銀貨兩訖，錢一旦到賣家手上，交易就大致底定。這是合乎情理的，因為爬蟲展只會持續一週左右，所以對賣家來說，提供售後保證單純不合實際。別讓無退換政策打壞你在爬蟲展的買興。個人有些良好的購買食蟲蜥經驗是在爬蟲類二手市集。我曾用超低價買過飼育箱、躲藏盒、植物，以及飼育箱內的其他裝飾品；我曾找到在其他地方沒有的異國蜥蜴；我曾遇過並與職業爬蟲學家、繁殖者，以及專於爬蟲類與兩棲類書籍的作者交朋友。你絕對不知道下次會在爬蟲展遇到誰，因此無論老手或新手，我都非常推薦爬蟲展。

人工繁殖VS野生

　　詢問蜥蜴的出身很重要。牠是人工繁殖或從野外捕捉而來？以大多數愛好者的意見來說，人工繁殖的物種比較有吸引力，因為牠們孵化後就受到盡職的繁殖者無微不至的照顧。反之，野生個體是由爬蟲類獵人從原生環境捕捉而來，賣給寵物批發商，再運到寵物店。這些動物處於極大的壓力下，因此牠們的免疫系統可能低下，健康可能每況愈下。同樣地，幾乎不可能確定這種蜥蜴體內可能感染哪些寄生蟲。野生蜥蜴，

運送你的蜥蜴

從寵物店或爬蟲展運送蜥蜴到你家的飼育箱，對你的爬蟲新朋友來說會是一件傷神且煩躁的事，但事情不用搞成這樣。按照以下步驟，能讓從寵物店到新家的運送過程盡可能順利且容易。

- 以封閉不透明的容器運送蜥蜴，紙箱是不錯的選擇。以透明容器運送會對蜥蜴造成壓力，如果蜥蜴身處黑暗的容器中，看不到外面移動的世界，就幾乎不會感到焦慮。

- 在運輸途中放東西在容器裡，像是乾淨的小毛巾。這樣能防止蜥蜴在盒子內滑動，或白費力氣在容器底部尋找立足之地。感覺攀附在某樣東西上且環境穩定的蜥蜴，會比沒物體可抓住的蜥蜴來得放鬆。

- 運送過程避免巨大聲響。即使沒有額外的噪音，被塞進箱子拖來拖去的壓力就已經夠大了。

- 克制在運送途中玩弄或觸摸蜥蜴的念頭。即使是別人開車且你的雙手都沒拿東西，在運送途中把玩蜥蜴絕非好主意，因為會讓蜥蜴的壓力大到某種程度。

依物種與來源而定，體內可能有各種不同的寄生蟲，而這些寄生蟲的跡象可能只會在你等購入後才變得明顯。

愈來愈多蜥蜴飼主因道德與生態理由拒絕購買野生動物。每個離開原生環境的個體，基本上就不再屬於該環境：牠不會在那邊繼續繁殖，不再為牠的種族帶來下一代，也不再是該原生生態系統其他動物的潛在食物來源。這會導致某個物種在當地滅絕，必須立法保護。舉例來說，1970至1980年代，每年進口到美國的墨西哥紅膝頭蜘蛛（*Brachypelma smithi*）數以萬計。全美國的寵物店都有，而且牠們是好萊塢恐怖片最愛的常用生物，收藏家跑到國境之南，在墨西哥鄉下到處大量尋找這些蜘蛛。現在這些美麗的蜘蛛在狼蛛愛好者間要價不菲，曾經供應成千上萬紅膝頭的同一地區，目前已經消失殆盡。這些蜘蛛並非唯一，一些爬蟲類與兩棲類也因為蓬勃發展的寵物業，被無限制濫捕而從牠們的天然

棲息地消失。無論何時，盡可能購買人工繁殖的動物都是十全十美的想法。你會買到較健康的動物，專業養殖者能留在業界，你選的物種也能自由地在大自然生生不息。

仔細檢查

確定蜥蜴的來源後，要求賣家將蜥蜴拿出來讓你觸摸與檢查。然而，就部分物種而言，這方法並不可行。迷你或非常嬌弱的物種、容易緊張的物種，或攻擊性極強的物種，可能不容易或不適合觸摸。賣家通常知道哪種可以在手上檢視、哪種不行。此外，應事先研究你想要的物種，並了解其是否適合觸摸。

一旦賣家拿出蜥蜴並放在你手上，請輕柔但穩固地拿著牠。千萬

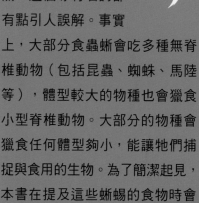

不只有昆蟲

雖然本書與食蟲蜥相關，這個專有名詞卻有點引人誤解。事實上，大部分食蟲蜥會吃多種無脊椎動物（包括昆蟲、蜘蛛、馬陸等），體型較大的物種也會獵食小型脊椎動物。大部分的物種會獵食任何體型夠小，能讓牠們捕捉與食用的生物。為了簡潔起見，本書在提及這些蜥蜴的食物時會使用「昆蟲」一詞，讀者應該了解這個專有名詞代表「昆蟲與其他體型夠小能讓蜥蜴食用的無脊椎動物」。

不要捏牠的腹部，即使是小孩的握力都能捏碎小蜥蜴的器官。注意不要在牠的尾巴施加太多壓力，大多數的蜥蜴被抓住或受到擠壓時，會迅速丟棄自己的尾巴。以動物在你手上覺得有安全感的方式好好拿著。小蜥蜴的四腳若能緊緊抓地的話，比較不會躁動不安或試圖逃走。一隻大致覺得自己能全權掌握的蜥蜴，比受到你抓握威脅的蜥蜴，更能安靜地坐在你的手上。

當蜥蜴坐在手上時，可以得知一些這隻蜥蜴的資訊。可以檢視牠是否有健康問題，並好好感受牠適合把玩的程度。不同物種蜥蜴的行為差

異顯而易見，但接觸過一些同物種的不同個體後，也會逐漸了解同物種之間有可能存在巨大的行為差異。如果你尋找的是能欣賞與觸摸、非常適合把玩的寵物，那麼你必定想避免躁動不安或具攻擊性的物種。無論一隻動物的外表有多麼吸引人，飼養時無法符合你的期待，最終你跟蜥蝪將無法快樂同居。

注意蜥蝪在你手上移動的模樣，就能開始檢視其身體健康狀態。牠有抬頭挺胸，而且眼睛都有睜開嗎？牠看來很機靈，有意識到發生什麼事嗎？食蟲蜥是非常敏銳、機靈的蜥蝪，幾乎隨時都對周遭環境有所警覺。在野外，牠們必須費神尋覓小型、動作迅速的獵物，且必須對掠食性動物提高警覺，因此高度警覺性是牠們的重要戰略之一。

無論哪個物種，蜥蝪應該在你手上做出以下動作：掙扎、啃咬或緊抓著你的手指。若食蟲蜥沒緊抓著你，一整隻腿癱軟懸盪，就絕對是生病了，無論如何你將避開這種個體。檢查眼睛、鼻子與嘴巴周邊的硬皮和膿。但是請記住，很多鬣蜥物種會藉由從鼻子噴出以排除身體多餘的鹽分，因此鬣蜥鼻孔周圍的白色結晶體「硬皮」並不一定是身體出狀況的警訊。檢查四肢是否僵硬、肌肉結構是否完整，以及檢視肚子和舌面是否有燙傷、割傷、損傷、潰瘍或其他疾病。同樣地，檢查蜥蝪的泄殖腔（位於尾巴底部的開口，會透過這裡排泄與進行繁殖活動，包括產蛋）。泄殖腔應該處於關閉狀態且邊緣

你可能無法觸摸一些具攻擊性的蜥蝪來進行健康檢查，如大守宮（*Gekko gecko*）。

乾淨。容易緊張的物種也許會在你接觸牠們時，真的排泄在你手上。這種情況下，泄殖腔應該在你檢查時微微開啟！

找到強壯、個性溫和且外觀大致健康的蜥蜴後，你可能會想該是時候買下這隻小傢伙了吧？這個嘛，還不急。檢視寵物蜥蜴的最後一步（雖不是關鍵性的一步）就是看牠們吃東西。通常只有在寵物店購買蜥蜴才可能看得到。

等你摸完蜥蜴後，將牠放回飼育箱，詢問老闆餵食時間是何時，等到那時再回來看看你所選的蜥蜴吃東西。請記住，即使是最強壯的蜥蜴，除非很習慣被人類觸摸，否則可能無法馬上進食。給蜥蜴至少半小時左右的時間冷靜下來，才能期待牠吃東西。大部分的蜥蜴會毫不猶豫地在你面前進食，因為食蟲蜥是隨機食者，牠們天生看到附近有獵物就會想吃。吃飽喝足的蜥蜴（那天稍早已餵過），可能不會馬上在你面前吃東西，而夜行性物種在這方面則是真正的挑戰。夜行性物種，譬如常有人養的蠍虎，可能不到深夜就不進食，因此希望看到人工飼養的蠍虎吃東西，是不切實際的期待。

如前所述，購買前觀看寵物蜥蜴進食只有好處，能確保你買到最健康的蜥蜴（畢竟，不吃東西蜥蜴優點何在？不吃的話，在人工飼養的環境下活不久），但這並非必要。在正常的情況下，任何通過其他健檢的食蟲蜥，在家用飼育箱裡絕對會固定並熱切地進食。

購買前檢查蜥蜴的頭部，看看眼睛是否有傷、吻部周圍是否有硬皮，以及其他疾病的跡象。這隻橙點石龍子（*Eumeces schneideri*）看起來很健康。

第二章

飼養環境、
加熱、照明

因為很重要，所以說在前頭。無論選了哪個物種、需要哪種棲息環境，將新買的蜥蜴帶回家之前，就將該種棲息環境準備好至關重要。購買任何爬蟲類，卻沒有事先打造讓你的外溫朋友居住的家用飼育箱，是嚴重的錯誤。從寵物店運送到你家已經給小蜥蜴夠大的壓力了，因此快速、順暢地過渡到溫暖、裝備齊全且舒適宜人的家是極其必要的，能確保新寵物適應新家。只是確切該打造哪種飼育箱，則有許多因素要考量。

飼育箱的選擇

　　大多數愛好者讓蜥蜴住在全玻璃的水族箱或玻璃爬蟲箱裡。我自己也是用這種，而且極度推薦。然而，並非所有蜥蜴的棲息環境或飼育箱都由玻璃組成。兩爬類用品製造商生產了一體成型塑膠與透明壓克力箱，能當作高效率的爬蟲類飼養容器，也能作為漂亮的展示飼育箱。這些飼育箱不僅製造給我們蜥蜴飼主，還有全體兩爬業者，至少可入手多種形狀且尺寸廣泛。最後，還有非常適合變色龍與樹棲物種的網箱。

玻璃水族箱

　　基於很多原因，玻璃水族箱是我偏愛給大多數蜥蜴的居住選擇。取得容易、尺寸形狀目不暇給，以網蓋的形式通風，維持熱度與濕度的功能良好，且費用也不會高到令人望之卻步——除非尺寸非常大。

玻璃水族箱適合作為多種蜥蜴的飼育箱，如圖中的幼鬃獅蜥（*Pogona vitticeps*）。

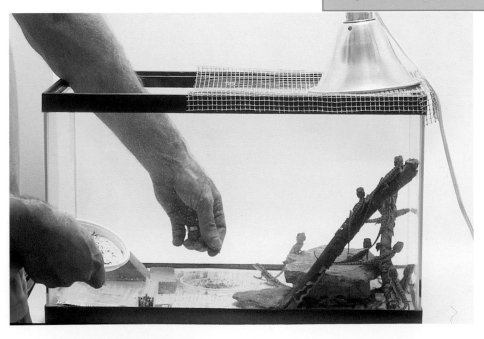

有些樹棲性蜥蜴能茁壯成長於高網箱中，如古巴變色蜥（*Anolis equestris*）。

大部分的食蟲蜥很樂意住在玻璃箱。然而，玻璃箱有一些缺點，它們有點脆弱又很重，尤其是較大型的尺寸。因為得從上方伸手進去，所以大型玻璃箱清理上會很麻煩。有時很難找出符合蜥蜴所需的地面空間與高度的完美結合體。

一體成型塑膠與壓克力箱

一體成型塑膠箱相當耐用又漂亮，通常設有內建加熱與照明用的插座。在大部分的設計中，三面是不透明，一面則是透明玻璃或塑膠。玻璃那面同時也是門，這種箱子是從前面開，而非後面。依照你所養的蜥蜴種類，這可以是優點或缺點。有些款式可以疊起來，讓小空間也能放很多個。一體成型塑膠箱最大的缺點就是價格，它們可能是飼養環境裡最貴的選擇。

許多愛好者喜歡壓克力箱，因為比玻璃有更多優點。壓克力非常耐用、使用壽命長。一般會讓玻璃箱碎裂的直接撞擊或掉落，很難在壓克力箱上造成損傷。重量也是主要考量。建造精巧的生活飼育箱時，有可能會打造出沉重的環境。箱內材料（泥土、石頭等）加上玻璃箱的重量會限制飼育箱布置的選擇。反之，輕盈、堅固的壓克力箱能維持同樣的自然生物群落，重量卻大幅減輕。

然而，壓克力箱並非毫無缺點。雖然大部分的壓克力箱不會像玻璃般破裂，但很容易有刮傷。坑洞或大刮痕會嚴重損害壓克力箱原本吸引人的外貌。壓克力裡的小孔也可能隨著時間變得難以清理，藻類或黴菌可能會卡在裡面，使得飼育箱看起來髒髒的。

先準備飼育箱

事先打造好飼育箱，讓蜥蜴從寵物店順利過渡到你家，只是成功了一半，一定要讓飼育箱開始運作。這有助確保新寵物的健康並降低其壓力。飼育箱中的加熱設備務必開啟，並且已經加熱數天（畢竟箱底的加熱墊或加熱木塊，要花好一陣子才能替周圍底材加熱）；相對濕度務必設在適當的程度，且水盆注滿乾淨新鮮的水。你不會想在帶新寵物回家後，再花 24 小時餵牠吃東西，所以食物在現階段不是問題。不過居住環境中的其他設備，應該在小傢伙抵達時處於備戰中。在新蜥蜴入住前，飼育箱愈早設好，發現及更正問題的機會愈多。

網箱

網箱是另一個選擇。通風的場地確保蜥蜴，如變色龍，得到足夠的空氣流通。它們還提供了可攀爬的牆給樹棲性物種，如長鬣蜥與變色蜥。網箱的缺點為本質脆弱，尼龍網容易被扯破，因此體型大又重且帶有利爪的個體（如許多巨蜥物種），就不該飼養在網箱。說到底，玻璃、一體成型塑膠、壓克力與網箱各有優劣，必須依飼主與蜥蜴的需求決定何者為佳。

檢疫

我們要討論的第一種飼育箱是檢疫缸。檢疫缸——在蜥蜴生病時可以當成醫療缸——是指在新蜥蜴入住永久的新家前，僅供短期容納並觀察的臨時飼育箱。只想飼養一隻蜥蜴的愛好者，就無須像飼養多隻蜥蜴，甚至是多種爬蟲類與兩棲類的愛好者那般需要檢疫缸。檢疫缸是避免損失任何動物的第一道防線。你剛入手的動物會覺得溫暖又舒適，在初次出現健康警訊時，你也能適時應對。你與你養的其他兩棲爬蟲類也能受惠，因為這降低了新蜥蜴可能帶來的未知疾病，直接與你任何其他兩爬類接觸的機會。

為蜥蜴取得適當尺寸的飼育箱來打造檢疫缸。在飼育箱底部鋪一層

厚厚的白色紙巾。有些愛好者會建議用報紙當墊材，但我必須出聲反對這項做法。因為檢疫缸的最終目標是在無菌而舒適的情況下監測新寵物的健康，報紙並非完美的底材。報紙可能適合較大型的蛇類，卻無法提供帶爪的蜥蜴可緊抓的表面，也無法給予最佳的觀察情境。如果蜥蜴在檢疫缸感染蟎，你會想儘快看到那些小吸血蟲。以白色紙巾為底材，這些小小入侵者就會立即現形並獲得處理，但是以多色的報紙為墊材，寄生蟲可能會在你看到第一隻前，就已經倍增到災難級的規模。務必不能使用染色、香味或有圖案的紙巾，因為這些物品上添加的化學物質，依據物品所含的確切化學物質而定，也許會對小型的食蟲蜥有害。

　　鋪好紙巾當墊材後，在飼育箱放置一些無菌的躲藏處。這些躲藏處應該要體積小又單純，以容易移除者為佳，因為可能需要移除好幾次，以檢查蜥蜴是否健康或安適。絕佳的檢疫躲藏處包括半塊陶土盆、塑膠躲藏盒（販售於多數寵物店），或（樹棲性守宮的情況）靠在飼育箱一側的軟木樹皮片。別擺超過兩個躲藏盒的其他遮蔽物，檢疫缸的重點是讓你在觀察檢疫動物時如虎添翼。在箱內最溫暖的部分與最涼爽的區域各擺一個躲藏處，以便蜥蜴在體溫調節的同時，也能享受

無論擁有複雜或簡單的飼育箱，一定要在取得蜥蜴前完全設置好適當的棲息處。

躲藏處的舒適與安全感。

如果有養曬太陽或天生會在半空中花掉大量時間的樹棲性物種，像是真正的變色龍或雙冠蜥，就需要在檢疫缸放一個或多個可攀爬的樹枝。以觀察的目的而言，這並不成問題，因為曬太陽或樹棲性物種在舒適的飼育環境，不太可能嘗試躲起來。

最後，在檢疫缸放一個大小適中的水盆。注意水盆不要太深或邊緣太陡峭，因為很多食蟲蜥已經習於薄腳趾與磨得鋒利的爪子。適應攀爬樹、石頭，以及其他自然結構的粗糙表面，牠們的爪子不適合爬出陶器、玻璃或塑膠水盆的光滑面。如果有小蜥蜴跌進太深的水盆，可能短時間內就會溺斃。許多愛好者為了避免這種情況，會在水盆裡擺上平坦的石頭，或攀爬用的短樹枝，如此一來，任何可能在水盆失足的小蜥蜴，都可以有一條快速的逃生路線。隨時讓蜥蜴有新鮮的水可用。請注意，有些蜥蜴可能不會把常設的水碗視為飲水來源，這些蜥蜴可能需要噴霧或流水，例如藉由水族箱空氣幫浦將氣體打入水中。無論你如何布置檢疫缸，記得裝上適當的加熱與照明設備。至於每個物種所需的確切溫度與照明，請參照本章結尾與本書的物種描述部分。

檢疫缸必須簡單又能提供蜥蜴各種需求。這是一隻待在檢疫缸的成年鬃獅蜥。

十分建議購買任何爬蟲類後，就帶去讓獸醫做初次檢查。除了帶去看獸醫，愛好者應該在檢疫缸尋找以下徵兆：軟便或血便（內寄生蟲或消化道感染的徵兆）、在蜥蜴身上或在飼育箱到處移動的微

小斑點（那些是蟎）、無精打采、身體褪色、嘔吐、流淚、拖行四肢、呼吸孔有硬皮，或任何其他指出蜥蜴有恙的身體症狀。如果懷疑有疾病，請儘快去看當地的獸醫。

許多蜥蜴，如 *Scincus mitratus*，養在擬自然的飼育箱中才有更好的成長機會。

在檢疫缸度過至少二或三週平安無事的時期後，就可以準備將蜥蜴移入牠的永久住處了。

飼育箱類型

你所擁有的蜥蜴物種決定了飼育箱的種類。飼育箱有五種基本款：雨林缸／叢林缸、沙漠缸、森林缸、草原缸及山岳缸。當然，五種基本款都有變化型，這些變化型則依放入的蜥蜴種類而定。舉例來說，飼養砂魚蜥的愛好者需要在沙漠缸裡選擇一些石頭和重物，並在箱裡放置更多沙。因為砂魚蜥只會在極度類似牠們原生地埃及與阿拉伯沙漠的鬆軟沙丘上，才能茁壯生長。

五種基本款飼育箱都有其獨特的特性，像是底材、濕度標準、相稱

的植物等。然而，每種飼育箱其適當加熱與照明的原則都差不多。因此，本章的加熱與照明放在飼育箱種類概述之後討論。

飼育箱內部的空間，無論是哪種飼育箱，都是極其重要的。一隻蜥蜴需要的空間顯然少於一群蜥蜴，空間的大小則依討論的物種而有所不同，因此購買前請先熟悉本書稍後介紹的物種。因為棲息在沙漠與地面的物種，通常比棲息在垂直環境的叢林物種來得更佔家中空間，你沒想過的限制會進入這個平衡。你家有空間擺放40加侖高的飼育箱嗎？75加侖的長型飼育箱又是如何呢？拿捲尺量量家中的一些空間，確定你房子（或你的另一半！）的條件允許。

樹裡的水

在蜥蜴的家擺放水盆時，請記住你養的蜥蜴物種有可能不會使用這個水盆。樹棲性蜥蜴，這種花了極多時間在樹梢或其他高處的物種，可能幾乎只喝累積在森林樹冠層的水窪與小池塘的水：雨水、露水或其他從樹葉匯集下來的凝結液體。如果你選擇的物種在自然界中從沒尋找過地面水源，就不太會冒險至飼育箱底部的常設水盆喝水。

為了對抗這個問題，可以利用手持的園藝用噴霧器，依照蜥蜴的需求，每天或每隔幾天對著蜥蜴的飼育箱噴灑。噴灑時，務必讓飼育箱各面、裝飾用的葉片等沾滿大量水珠。噴完後觀察蜥蜴的舉止：如果牠很渴，很可能會開始用舌頭舔小水珠。喜歡喝小水珠的樹棲性物種包括變色蜥，特別是變色龍也很喜歡。許多守宮與部分樹棲性石龍子也重度依賴水珠，以補充牠們所需的水分。把小水盆高掛在飼育箱並建立水滴系統（常使用於變色龍物種），兩者都能為飼育箱帶來令人滿意的水量，讓你的樹棲性蜥蜴飲用。

雨林缸

　　先來看看雨林或叢林缸。就如其名，這種飼育箱很熱：高溫、高濕，且有許多植被讓蜥蜴可以躲藏。雨林缸是非常熱門的飼育箱款式，因此現今寵物市場上所販售的食蟲蜥，有很多來自這些環境。

　　先為要飼養的蜥蜴選擇適當尺寸的飼養環境。完全了解牠的生活習慣很重要，樹棲性物種，如日守宮，偏好高處而非地面，因此這些物種需要高的飼育箱。生活於地面上的叢林物種，如美洲蜥蜴，需要較大的地面空間。如果養的是這種蜥蜴，又長又寬的飼育箱顯然好處多多。有些蜥蜴——以雙冠蜥為例——需要一個地面空間與攀爬高度的結合體。

擬自然雨林缸的範例，適合日守宮、變色蜥及許多其他物種。

　　無論哪種情況，厚重植被在熱帶缸裡都是不可或缺的，因為雨林蜥蜴的偽裝和生存策略，都建立在叢林環境中寬闊的樹葉和厚實的藤蔓上。如果養在缺乏植被的飼育箱，這些蜥蜴在如此不理想的條件下，會受到壓力與衰弱所苦，無法躲藏或做出其他自然行為幾乎會讓任何叢林物種承受嚴重壓力。

　　然而請記住，許多需要茂盛植被的叢林物種也會需要陽光的直接曝曬。解決之道是讓飼育箱一側的植物比例重一點，另一側則是樹枝比

飼養環境、加熱、照明　　**27**

鎖定特定條件

任何的自然飼育箱類型，都可以由愛好者調整以模仿特定棲息地。舉例來說，為了飼養雙冠蜥，你可以控制溫度、濕度、植物生長與其他因素，精確重現一小部分的哥斯大黎加雨林。儘管創造如此精巧的飼育箱需要費心研究，回報則是獨特又美麗的棲息處，讓蜥蜴住得舒適自在。

例重一點。當蜥蜴需要休息時，就會尋找飼育箱植物茂密的深處，當牠覺得冷且需要日照燈暖和起來時，就會立即移動至飼育箱另一側裸露的樹枝中。這個布置與蜥蜴自然生活的野外環境類似：需要溫暖時就移動至陽光區，需要冷卻或威脅逼近時就回到樹蔭中。

濕度 雖然雨林以悶熱的空氣聞名，但叢林缸並不需要如想像中那般潮濕。事實上，很多圈內新手犯下嚴重的錯誤，讓叢林缸處於過度潮濕的狀態。此處的關鍵是相對濕度之一，也就是，該濕度的定義是空氣中水蒸氣的密度。相對濕度並非指土壤中的水分，也不是底材上的水坑，或經過噴霧後遺留在飼育箱壁的水珠。買一個濕度計放在飼育箱其中一面的中間，放在太上面或太下面的話，測出來的數值可能會不準。一個維持得當的叢林缸，相對濕度應該在65至80%。80%以上已達濕度飽和點，持續暴露在如此高濕度的環境，可能會造成寵物蜥蜴的皮膚與肺部異常。如果飼育箱的濕度無法維持固定也別發愁，如同野外環境一般，你的叢林缸與其居住者可能會享受濕度的小小變化。

通風 此變化正是下個討論的主題：循環與通風。除非飼養的是特定物種的食蟲蜥，需要非常高度且固定標準的濕度，你就一定要替飼育箱與其中的動物提供足夠的空氣循環。空氣循環能為飼育箱裡維持新鮮空氣與高濃度的氧氣，並且有助於將高濃度的氨與其他廢氣降到最低。大部分的愛好者只要在飼育箱頂端放上網蓋（金屬、塑膠或尼龍網），飼育箱就能得到足夠的空氣循環，因為網子能讓飼育箱與外面環境的氣體交

換。若用玻璃或實心的壓克力蓋，氣體交換就無法發生。除非飼養的物種極其需要高濕度，否則實心塑膠或玻璃蓋會讓飼育箱過度潮濕，製造出一個對大部分蜥蜴都不健康的環境。

　　除了用網蓋保持通風，許多爬蟲類專屬飼育箱的內壁配有可調整的通風孔。特殊的樹棲物種，如變色龍，常會需要更多的空氣流通。變色龍（或許還有其他樹棲性蜥蜴）最好養在網箱內，其維持濕度的方法相當不同。變色龍飼主常用加濕器與／或電子式噴霧系統提供蜥蜴的特定需求。另一個選擇——不建議使用於變色龍——是加裝小型抽風機（例如那些裝在廚房爐子或浴室天花板的東西）或在一般飼育箱裝設降溫風扇。這個步驟有助大幅增加飼育箱的空氣流動，但飼育箱蓋必須設有專門的支架，以支撐風扇的附加重量。

沙漠缸

　　就個人而言，沙漠缸是我的最愛之一，因為很容易打造與維持，裡頭的動物——並非全部——是常露臉的蜥蜴。大部分在寵物市場能買到的食蟲蜥都熱愛曬太陽，而且牠們有部分是你所能擁有的常見物種。不過也有更多神秘兮兮的物種——大部分是守宮——在黯淡無光以及溫度沒那麼酷熱時才會現身。

活生生的植物、較大的水盆，加上適當的底材，就能在雨林缸維持高濕度。

隨時提供沙漠蜥蜴躲藏的地方，雖說很多會自行創造出來，就像這隻卷尾蜥一樣。

打造沙漠缸要先選擇大小與形狀適合的箱體，同樣的邏輯放在熱帶缸的選擇上也適用，但大部分棲息在沙漠的蜥蜴不太需要高的飼育箱或攀爬用樹枝，因為牠們天然的棲息地鮮少有這些東西。與沙漠物種息息相關的樓地板面積為最主要的考量。給這些小傢伙一堆漫步的空間，牠們就會在你的照顧下茁壯成長。

底材　找到尺寸合適的飼育箱後，至少倒入3或4英吋（7.6～10公分）的沙。矽砂（如同公園遊樂場或沙池用的那種）適用大部分情況，雖然花崗岩或河邊沙在有些場合會更適合，依據蜥蜴的確切需求而定。記住這個常識：遊戲用的沙子永遠都很軟、平滑與「多變」，提供大石頭與裝飾品極微小的支撐力，花崗岩砂或沖積土（在河中能找到）則能緊緊堆積成半固態的外殼，可以容納較大或較重的爬蟲類物種。然而，在有些例子，遊戲用沙有極大的優點，若要讓砂魚蜥如同住在自然中，就絕對要使用鬆軟的沙子。

濕度　因為自然沙漠的乾燥氣候，不難了解為何人工飼養的沙漠蜥蜴必須住在濕度低與空氣流通極佳的地方。網蓋與非常小的水盆有助降低飼育箱中逐漸升高的濕度。如同其他條件，維持沙漠棲息地的確切相對濕

度，則依飼養的物種而有所不同，有些蜥蜴在沙漠裡比其他物種需要更多濕氣。在飼育箱的其中一面牆中間放上濕度計，隨時注意濕度變化。萬無一失的相對濕度，幾乎能與各物種相符的是40至50%。這個狀態很乾，但又不是太乾。

　　許多沙漠物種需要附有潮濕躲藏區的乾燥飼育箱，像是一部分倒入濕潤的土壤。這種方式模仿了牠們在野外的生活方式，牠們的洞穴本來就比沙漠表面潮濕。

躲藏處　在大多數情況下，沙漠代表兩件事：炎熱與明亮。談到替沙漠缸設置足夠的加熱與照明裝置時，是沒有吝嗇空間的。然而要注意，縱使熱愛太陽的爬蟲類需要溫暖與亮光，牠們也必須有躲進深處享受涼爽與黑暗的途徑。事實上，要不是爬蟲類有逃離酷暑的能力，牠們是無法撐太久的。在底沙半途埋入破陶罐（翻過來）打造躲藏處。埋進一根PVC管當作蜥蜴的躲藏處，或把幾塊扁石黏在一起做成洞穴，讓蜥蜴躲進去避暑。把躲藏處擺在沙漠缸的陰涼區與暖和區，就能確保蜥蜴能隨心所欲地暖和及降溫，因為牠們不用在安全感與處於正確溫度之間做選擇。

蜥如其食

有時沙漠蜥蜴會在捕食獵物時吃進一點沙子或小石頭，這些小小的沉澱物會隨著時間累積在蜥蜴的腸道，最後引發腸阻塞。腸道阻塞可是會危及生命，因結腸被堵住，無法讓蜥蜴吃下的東西通過。避免這種情況至關重要。幸好腸道阻塞很罕見，可以在飼育箱沿著底沙倒一層薄薄的鈣粉，爬蟲類用品公司已生產可生物分解的含鈣沙，不會影響你有鱗朋友的胃。這些沙的缺點就是很貴。沿著飼育箱的底沙表面倒上少量鈣粉，即使蜥蜴在狼吞虎嚥時吃進底沙，也能確保牠吃進微量的純鈣，幫助沙粒通過蜥蜴的腸道。

飼育箱範圍

　　剩下的飼育箱種類可以當作叢林款與沙漠款兩種極端的變化型。舉例來說，林地或溫帶林的相對濕度會比沙漠缸更高，也會有更多植被／可攀爬的樹枝，但這個飼育箱不會有在叢林缸會找到的高溫與茂盛稠密的植被。同樣地，適合各類蜥蜴的熱帶莽原或草原款飼育箱會比叢林缸更乾更「廣闊」，又不會像真正的沙漠缸一般岩石遍布或熱氣沖天。將所有飼育箱種類排列成連續體去思考是不錯的方法：雨林缸在其中一頭，沙漠缸則在另一頭，其他款式則處在中間的某處。等級從最潮濕到最不潮濕應該是這樣：叢林／雨林、山岳（就像涼爽的叢林）、溫帶林（有活生生的植物，但不用像叢林那樣天天澆水）、平原／熱帶莽原／草原（半濕的土壤，但有許多可曬太陽的乾燥、開闊區域），與最後的沙漠（最不潮濕，還有很多可曬太陽的明亮、酷熱區域）。雖然任何一種飼育箱或多或少都有複雜的部分（基於愛好者的技術與毅力），對新手而言都有某種程度的複雜度，不過都建造得出來。

一個小型沙漠缸。注意一下右邊濕潤的沙子，是提供給白眉守宮（*Holodactylus africanus*）的潮濕洞穴區域。

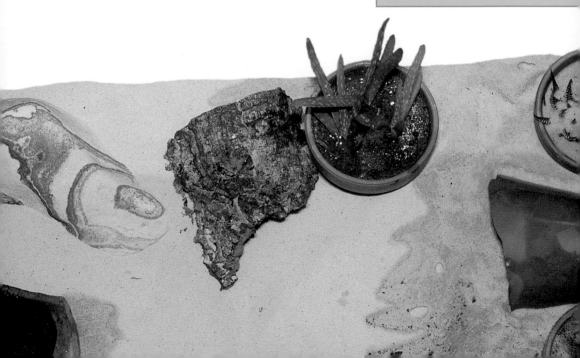

山岳缸

我想深入討論最後一種飼育箱，在邏輯上可能不會想放在沙漠與叢林棲息地的連續體之間，這正是山岳缸。山岳代表「多山的」，而山岳缸可以用來飼養住在高海拔的蜥蜴物種。有些相當常見的蜥蜴來自多山的棲息地，包括山角蜥、一些變色龍物種，以及耀眼但嬌貴的孔雀針蜥。大部分在寵物市場中的山岳蜥蜴，都來自中國與亞洲其他地帶的山區。

山角蜥（*Acanthosaura* 物種）為可以住在山岳缸的蜥蜴之一。

著手建造山岳棲息地之際，心中要兼顧高度與地面空間，因為多數的山岳物種會攀爬也會在箱內地面閒晃。山岳蜥蜴，除去一些例外，也喜歡茂密的植被，所以務必要納入很多植物與黑暗的躲藏處。攀爬用的樹枝不可或缺，因為是曬太陽的地點，不過這個地點供應的熱能不用像叢林缸一樣溫暖。這便是山岳棲息地獨特的地方：通常比任何飼育箱種類還涼爽。

溫度與濕度　拜高海拔之賜，山岳的環境比附近的低地與叢林涼爽。為了有助維持飼育箱較涼爽，請考慮將飼育箱放在房子中最涼的房間之一，像是地下室或一樓的房間。若要將額外熱氣降到最低，應該要使用螢光燈照明飼育箱，而不是白熾燈，因為螢光燈比白熾燈放出的熱能少很多。正如蜥蜴飼養上各方面的事實，對所選物種的需求有詳盡的了

解，是努力獲得成功的關鍵。有些山岳蜥蜴需要涼爽的飼育箱，配上稍暖的曬太陽地點。如果是這些物種的話，最好選用大型飼育箱，日曬燈離一端盡可能遠點。大部分山岳物種需要夜晚的氣溫顯著下降，我很遲疑是否該列出這種飼育箱種類的確切溫度範圍，因為特定物種之間的需求差異極大。鼓勵所有的愛好者達到他們所選物種的特定需求。只能說曝曬溫度絕少需要超過80～83℉（26.7～28.3℃），晚上則可能會下探至65℉（17.8～18.9℃）。

談到濕度時，應該仔細遵守叢林缸既定的指導原則。寵物市場中的山岳蜥蜴來自高海拔、被涼爽霧氣所覆蓋的森林，且已經適應了大量的露水。這些蜥蜴需要較高的相對濕度，通常是65至75%。高度空氣流通也是強制性的：使用通風效果好的網蓋。

非擬自然的飼育箱

雖然擬自然的飼育箱很漂亮，給予人工飼養的蜥蜴很多機會表現出自然行為，但不是每個飼主都有慾望或資源創造如此精心製作的設置。幸虧大部分的食蟲蜥在沒那麼複雜的條件下也能成長。只要提供植被與躲藏處，斯巴達式檢疫缸也能成為蜥蜴永久的家。即使在外觀上沒那麼令人驚豔，但只要濕度、照明與加熱符合需求，一個沒什麼裝飾的飼育箱也能成功地給幾乎任何物種居住。專業的繁殖者與擁有龐大收藏的愛好者，通常偏好盡可能以最便宜且最實際的方式飼養蜥蜴，雖然他們大部分也會維持一個裝飾豐富的展示飼育箱。把蜥蜴飼養在較為簡化的環境並非不可能。只要好好研究你所選的物種，確定你的飼育箱──無論選擇打造哪一種──能符合該物種的所有需求。

加熱與照明

爬蟲類與兩棲類是冷血動物，或有些人偏好稱為外溫動物。這表示爬蟲類與兩棲類無法自行產生體溫，因此必須盡可能吸收環境的熱能。

蜥蜴需要熱能才能移動、進食與代謝吃下的食物。

因為蜥蜴無法流汗或喘氣排掉多餘的熱能，牠們必須能在較熱與不熱的區域間來來去去。這種情況稱為體溫調控行為，蜥蜴在一大清早覺得

只使用可信賴的控溫器加熱石頭，以免蜥蜴（圖為豹紋守宮）燙傷。

冷時，會爬到陽光下曝曬、提高體溫，達到理想體溫時，蜥蜴就會跑去抓昆蟲並過著平常的生活。如果蜥蜴在一天當中覺得太熱的話，就必須躲進涼爽的陰涼處冷卻下來。記住，熱得難受的蜥蜴若找不到較涼的休憩處將會死亡。夜行性蜥蜴常在已經吸收太陽熱能的樹枝或石頭休息，讓身體暖和起來，達到理想的溫度後，就會離開前往覓食或交配。

讓飼育箱其中一端比另一端更熱，創造出溫度梯度。舉個例子，日照燈懸掛在大石頭上，就能為蜥蜴製造出較熱的曝曬區，而飼育箱另一端的黑暗洞穴則成為蜥蜴逃離熱氣並冷卻下來的絕佳休憩處。高度通風（如網蓋與通風扇）有助避免飼育箱內的氣溫衝到無法忍受的程度。絕對不要將飼育箱放在陽光直射的窗邊，因為整個飼育箱的溫度會在驚人的短時間內上升到致命程度。

加熱設備

在人工飼養的情況下，愛好者有很多方式能為寵物供應熱能和照明，加熱與照明器材的確切種類則依飼養的蜥蜴物種而有不同。以下先

來討論加熱器材。

直接加熱 直接加熱的工具放在飼育箱裡，電線穿過箱蓋，插在牆上的插座上。這些用品由內含加熱線圈的陶瓷或合成樹脂構成，與加熱墊是同樣原理。蜥蜴可能會坐在加熱用品上，直到想要的溫度，等到太燙時再離開。除了方便蜥蜴調節體溫，這些加熱用品的外觀也很漂亮，常以原木、牛骨、洞穴或樹幹造型示人，形形色色，幾乎在所有類型的飼育箱裡看來都很漂亮。

然而以缺點來說，這些用品會對寵物的健康帶來潛在危害。加熱用裝飾品有時處處是缺陷。裡頭的電線可能會太燙，或包住加熱線圈的合成樹脂太薄，或用品的電線可能接觸不良。無論發生哪種情況，都可能造成蜥蜴在接觸時嚴重燒傷或觸電。現今的加熱用裝飾品品管優良，已經少有這類悲劇發生。然而，仍須注意食蟲蜥鑽到任何加熱設備下的狀況，以免牠們被困住而迅速加熱到致死的程度。

在飼育箱中提供各種溫度讓蜥蜴選擇，牠就能隨心所欲掌控自己的體溫。圖為 *Cnemidophorus tesselatus*。

使用內部加熱用裝飾品還有另一個缺點，就是電線怎樣都得離開飼育箱。如果會在飼育箱和蓋子之間製造出洞口或縫隙，那麼對大部分蜥蜴來說就是潛在的逃跑路徑，因此對飼育箱的安全措施絕不能妥協！最後，飼育箱只採用這種加熱

用品並不明智，使得蜥蜴只能待在石頭上維持體溫，因而造成腹部燙傷，以及無法做出自然行為，因為蜥蜴必須將所有時間花在石頭上。

加熱器在提供熱能給夜行性蜥蜴上幫助很大，如圖中的比邦守宮（*Pachydactylus bibronii*）。

箱底加熱墊　下一種加熱裝置廣泛受到愛好者信賴及愛用：箱底加熱墊。各式各樣的兩爬類用品公司都有生產這種小玩意兒，其優點絕對是無庸置疑。先從盒子把加熱墊拿出來，撕開保護紙，將加熱墊貼在飼育箱外的底部，如果飼養的是樹棲性蜥蜴，就貼在飼育箱玻璃外壁。務必選對位置，因為一貼上去就無法移除或安然移位（必須冒著損壞內部零件的風險）。接著把插頭插在牆上的插座，能夠提供兩爬類平均、溫和的輻射熱度，而且幾乎沒有箱內式加熱用裝飾品的危險。

　　然而，我注意到一個缺點，需要較厚底材的蜥蜴物種可能無法受惠於箱底加熱墊，很少熱能夠往上穿透層層底材。過幾年加熱墊出問題時（電線被扯斷、內部加熱線圈故障等），移除與處理可是極其困難。將替換品放在完全一樣的位置也無法順利運作，畢竟新舊黏膠的接觸面可能會讓新的加熱墊無法黏牢。簡而言之，箱底加熱墊大抵是「永久」性的產品。

加熱器　最後一種加熱裝置是陶瓷加熱器。首先要說的是，這東西會發燙！為大型飼育箱（裡頭大範圍的土地與空氣需要加熱）而設計，陶瓷加熱器是由瓷器燈泡狀物包住的加熱線圈，設計成耐高溫，但只用在瓷

器裝置上。陶瓷加熱器會讓一般百貨公司的頂燈融化燃燒，使用這些高溫產品時，務必搭配檢驗合格的設備。

　　加熱器對需要為大型沙漠或熱帶莽原環境，甚至是大型叢林缸加熱的愛好者助益甚大，儘管離這種產品太近的任何植物絕對會枯死。因為加熱器產生熱能時並不會發光，所以是夜間加熱的絕佳選擇。絕對不要讓加熱器靠飼育箱玻璃太近，玻璃有可能會因劇熱而碎裂。如果你一定要用加熱器，請務必與寵物保持安全距離。許多愛好者會選擇在天花板懸吊延長線再裝上這些加熱器，如此一來熱能便能溫和地向下發散。

照明

　　飼育箱的照明對許多蜥蜴物種極其重要。蜥蜴，如同許多爬蟲類需要曝曬於天然、未經過濾的太陽光下，接收一定程度的不可見紫外光（UV）。愛好者需認識的兩種紫外光稱為UVA與UVB。兩種都對日行性蜥蜴的長久存活至關重要。大部分日行性蜥蜴都需要接觸紫外光，身體的肌群與骨骼才能發展健全，並且與人類一樣，也能從陽光獲取情緒利益。即使蜥蜴的情緒並不如我們這般費解，卻出奇地複雜。每天接觸充足的紫外光，能降低牠們的壓力並刺激自然行為。以下兩種任一途

箱底加熱墊對許多不喜明亮日曬燈的物種助益甚大，如豹紋守宮（*Eublepharis macularius*）。

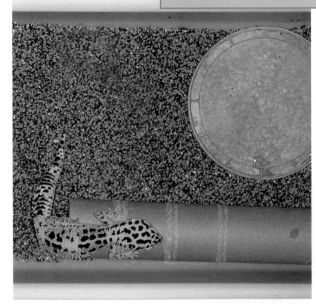

徑都能獲取ＵＶＡ與ＵＶＢ：
從天然的太陽光或是特定
燈泡（通常稱為全光譜燈
泡）。

自然太陽光　你或許會為寵
物建造戶外飼養空間，讓牠
們可以通往無過濾的（無玻
璃或塑膠天花板）太陽光，
這種做法往往所費不貲，而
且對世界上許多地方的一般

自然太陽光是最適合蜥蜴
的照明種類，圖為正在做
日光浴的綠變色蜥（*Anolis
carolinensis*）。

愛好者來說，每天帶寵物出門數小時也不太
可行，因為冬天會冷到讓人受不了。如果你
有機會順利帶著蜥蜴外出（避免逃脫或被貓狗攻擊的情況），絕對要嘗
試看看。你的小小鱗片朋友（夜行性物種除外，如大多數的守宮）一定
會非常樂意接觸一些自然光。務必確保蜥蜴有離開陽光冷卻的機會，否
則可能有過熱致命的危險。

全光譜燈泡　僅次於真正陽光的是人工陽光，在寵物店則是以特殊燈泡
的形式販售。全光譜燈泡都有出白熾燈或螢光燈裝備，用來模擬各種程
度的陽光與紫外光。舉例來說，提供2%的ＵＶＡ與ＵＶＢ的全光譜燈泡，
就已經能滿足大部分的森林與叢林物種。這些物種常常待在森林樹冠層
之下的深處，白天最酷熱的陽光曬到森林地面時，也只如涓涓滴水一
般。然而，沙漠與熱帶莽原物種可能花了大部分時間曝曬在陽光下，因
此提供5或10%的ＵＶＡ與ＵＶＢ燈泡便合乎需求。購買紫外光燈泡前，務
必熟悉家中寵物的特有行為，你總不會希望牠們接觸過多或過少紫外
光。任何做長時間日光浴的物種，可能需要含量更高的紫外光燈。全光

譜的白熾燈泡常伴隨紫外光放出充足熱能。

　　有一點非常重要，燈泡的位置要距離蜥蜴夠近，牠才能完全接收到紫外光的好處。紫外光一出燈泡幾英吋（10公分或以上）就會分散並逐漸消失。大多數螢光燈泡提供紫外光為距離燈泡12英吋（30.5公分）以內，而全光譜的白熾燈泡則是18～24英吋（45.7～61公分）。調整日光浴用的石頭或樹枝角度，蜥蜴就能曬到距離內的光線。同時要注意，玻璃和塑膠會吸收紫外光，因此蜥蜴和燈泡之間最多只能放網子。

其他照明　　其他類型的照明，包括家用設備也許都有的標準白熾與標準螢光燈泡。這些燈泡可以裝在食蟲蜥飼育箱，僅供照明與加熱用途，即使能讓你將飼育箱內部看得一清二楚，普通的螢光或白熾照明卻無法提供蜥蜴所需的紫外光輻射，白熾燈泡可將飼育箱溫度保持在適當範圍內，並提供日光浴的熱點。

　　最後一種照明類型是夜間燈泡。夜間燈泡的瓦數非常低，通常以紅色或藍色玻璃製成（藍色燈有時會被稱為「月光」燈泡）。這些燈泡只在夜晚使用，提供飼育箱額外的熱能之餘，卻不會製造擾人的亮光。利用這種燈泡，可以順利觀察到大部分的夜行性物種（如大守宮與其他樹棲性守宮）。夜間燈泡也能讓豹紋守宮與其擁護者受益，特別是在交配季節。

鬃獅蜥與其他日間活動的沙漠蜥蜴，需要加熱燈及全光譜燈泡才能維持健康。

底材

　　就如先前沙漠缸的討論中所言，「底材」是術語，稱呼任何用在蜥蜴飼養環境的地被或墊材。比起大費周章模擬自然或藝術外觀，偏好簡單的部分愛好者可能會把折疊的報紙或紙巾鋪在箱底，而熱衷擬自然飼育箱所呈現的自然美與挑戰的愛好者，可能會鋪上數層含有活躍生物的土壤、泥炭、表土或其他有機物，植物在這裡也能蓬勃生長，如此精心設計的飼育箱也稱為生態缸。

　　為飼育箱選擇合適的底材，是確保花費的心力能永續成功的重要步驟。在建造飼育箱前，務必認識目標蜥蜴物種的基本需求與醫療資訊。如果你決定要飼養某種叢林蜥蜴，那麼就要選擇保持潮濕的底材。許多寵物店販售袋裝的「叢林混合」底材，直接就能倒進飼育箱中使用。這種袋裝混合底材對新手而言非常方便，我非常推薦。如果你決定飼養的是某種沙漠蜥蜴，那麼就該選擇沙質或岩質的底材。兩爬業也有提供袋裝沙（無論是無機沙或工業含鈣沙都是可消化的，不用擔心蜥蜴意外吞食），讓建造飼養環境變得非常簡單。從飼養蜥蜴各方面來說，知識就是力量，關於生物範圍與蜥蜴需求知道得愈多，就愈能做足充分準備。雪松、松木及白楊木屑都不適合作為飼養蜥蜴的底材，千萬不要使用。

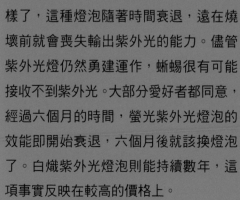

紫外光半衰期

正常來說，我們不會換掉屋裡沒壞的燈，對吧？換掉還能亮的燈很無聊。不過，紫外光燈泡就不是這樣了，這種燈泡隨著時間衰退，遠在燒壞前就會喪失輸出紫外光的能力。儘管紫外光燈仍然勇建運作，蜥蜴很有可能接收不到紫外光。大部分愛好者都同意，經過六個月的時間，螢光紫外光燈泡的效能即開始衰退，六個月後就該換燈泡了。白熾紫外光燈泡則能持續數年，這項事實反映在較高的價格上。

第三章

食物與餵食

無論哪種年齡層與經驗等級，都會喜愛食蟲蜥飼育箱的餵食時間，因為這時可以看到我們的小夥伴大顯身手。由於食蟲蜥大多是食慾旺盛的饕客，人工飼養時的飲食很少會出問題，不過讓蜥蜴上餐桌前，仍有一些事項必須謹記在心。

多樣化

　　餵食時間要謹記在心的基本原則是多樣化，也能讓蜥蜴活得健康、快樂，而且不枯燥！這樣說可能很詭異，如果每天的菜色毫無變化，蜥蜴（尤其是變色龍）會覺得乏味，對牠的食物提不起勁。用混合餐讓蜥蜴在下一餐前保持活力：一週提供一次蟋蟀，然後下一餐提供兩隻大麵包蟲，或許再放一些肥美多汁的蠟蟲增色。你可以在網路、寵物店及爬蟲展找到許多種飼料昆蟲。除了避免蜥蜴無聊，提供廣泛的昆蟲種類能確保蜥蜴吸收所需的維生素和礦物質，讓蜥蜴茁壯成長。把蟋蟀與麵包蟲當成主食沒問題，重要的是飲食內也要納進其他東西。

腸道負載與營養補充

　　飼養食蟲蜥時，最重要的飲食相關概念之一就是腸道負載。建立在由來已久的前提「人如其食」，腸道負載是一種餵食高品質食物給飼料生物的技術，飼料昆蟲通常被供應商用營養價值低的飲食養大，因此蜥蜴吃下這些營養價值低的昆蟲，只能攝取最低程度的維生素、礦物質，以及其他營養

在自然環境中，大部分的蜥蜴以各種獵物為食。這隻野生犰狳蜥（*Cordylus ukingensis*）正在吃蚱蜢。

素。自行飼養飼料昆蟲一或兩天，確保牠們的飲食富含營養，就能保證牠們富含重要營養素，並傳遞給你的蜥蜴！

縱使許多專家建議以狗食、穀片與其他綜合穀物為獵物腸道負載，但我發現乾魚片在獵物與捕食者間的營養轉換表現最佳，且麵包蟲與蟋蟀隨時都飢腸轆轆，因此腸道負載起來輕而易舉。只要在餵食蜥蜴前的24至48小時，丟一些乾魚片到放獵物的容器即可。不過還是要注意，有些飼料昆蟲不吃這種食物。蠟蟲、蠶及蒼蠅有更特殊的飲食習慣，必須餵食不同的食物。

營養補充

雖然腸道負載能滿足大部分蜥蜴朋友的營養需求，仍舊有一些不可或缺的營養素必須靠維生素與礦物質補充品。替飲食加入補充品的方式就是撒在飼料昆蟲身上，實行方法是將一些昆蟲放進小容器中，撒一點維生素與鈣粉，再輕輕搖一搖，如此一來粉就會黏在昆蟲身上，如同將裹粉的昆蟲送進蜥蜴的肚子。雖然聽來簡單，但撒粉時有一些原則要記住。

撒粉時最重要的問題之一是「多少才夠？」，你不必把蟲裹得厚厚一層，薄薄覆蓋就足夠了。總之，這些獵物的外觀應該要看起來白白的。下個問題也常提出：「我該多久撒一次？」，這個問題只能依物種標準決定，每個蜥蜴

你可以餵蜥蜴吃野生昆蟲，藉此增加食物的多樣性。

物種的需求不同，幼蜥的需求也跟成蜥有所差異。一般最好的建議是每次你撒維生素時，至少撒兩次鈣粉。鈣對生長中蜥蜴的肌肉、內分泌及骨骼的適當發展不可或缺，由於大部分的蜥蜴一生都在成長，因此牠們一直都很需要營養素。如果供給過多的話，未利用的鈣只會透過蜥蜴的尿液與糞便排出體外。然而，維生素粉就一定要謹慎使用，因為多種維生素的混合物會引發中毒，特別是各物種的幼蜥可能受害，畢竟牠們的身體質量較小。維生素無法快速排出體外的範例就是維生素A，如果每餐都把它當補充品投予高劑量，那麼這種維生素不用多久就會在蜥蜴體內累積過多。

　　談到選擇特定的維生素補充品時，務必對所選的物種有完整的認識。有些蜥蜴或多或少需要特定的維生素，有些蜥蜴則可能需要稍微不同的維生素比例。總而言之，大部分的食蟲蜥需要廣泛的補充品滿足需求，很多品牌的廣泛補充品在任何販賣爬蟲類的寵物店均可取得。憑經驗來說，購買含有適量維生素A的補充品，假使不確定如何選擇，多比較一下各家的成分表。再者，最好的補充品會將維生素與礦物質分開，因為礦物質會讓維生素分解。你應該各買一份維生素補充品與加鈣礦物質補充品。

蠟蟲脂肪含量高，是餵食生病或體重過輕蜥蜴的好選擇。

餵食頻率

　　餵食的最後一點是頻率。由於餵食時間是我們真正跟蜥蜴互動的時光，愛好者往往會餵食太多次。這可不是好事，人類也同理可證，因為蜥蜴也

會過胖。好消息是與大型食肉物種相比，如巨蜥和南美蜥，食蟲蜥有相對較高的新陳代謝，因此牠們不太容易一下就過重。然而，這並不代表不會發生。有些不錯的原則可以遵守，幼蜥（剛孵化與新生仔畜）需要盡可能多進食，最好一天二至三次。牠們一旦開始長肉，增加了一點體重，就可將餵食頻率減低到一天一次，接著再減到每兩天一次。大多數物種的成蜥應該每二至三天餵食一次（每餐放數隻蟲），只有特殊情況時，如體重減輕或繁殖活躍期，成蜥的餵食頻率才須增加。

飼料昆蟲

既然已經認識了一些餵食基本知識，現在來看看菜單上有哪些菜色。

尺寸確實重要

談到提供食蟲蜥獵物時，尺寸的確有關係。大型蜥蜴會完全忽略針頭蟋蟀，幼鬃獅蜥則會被蠕動的超級麵包蟲搞得不知所措。依據經驗是提供約略蜥蜴頭三分之一大的食物。只要記住一個原則，如果蜥蜴花了很多時間與精力吃某樣食物，你可能就要將食物的尺寸縮小。餵食過大的獵物會引發一堆問題，最糟糕的可能就是腸胃道問題。簡而言之，永遠餵食尺寸看來適合蜥蜴嘴巴大小的獵物。獵物太小，蜥蜴可能不吃；獵物太大，可能會讓蜥蜴在吞食時受傷。

蟋蟀

蟋蟀，差不多是現在業界最常販賣的飼料昆蟲。這些六隻腳、唧唧叫的生物富含蛋白質，短時間內很容易腸道負載與飼養，甚至挑食的蜥蜴也會被牠們的動作吸引而進食。餵食太多蟋蟀的唯一缺點是，如果蜥蜴沒興趣吃牠們，牠們就會被留在飼育箱亂逛，時常爬到高處或甚至輕咬蜥蜴，自由放養的蟋蟀會變成蜥蜴不安與壓力的主要來源。假使蜥蜴過了幾分鐘仍對活蟋蟀沒興趣，先將蟋蟀移出飼育箱外，過一會兒再嘗試。給蜥蜴能在十分鐘左右吃完的數量，然後移走沒吃完的。

麵包蟲

　　麵包蟲也很常見，也是蜥蜴絕佳
的獵物。事實上，這個蠕動的小生物
是甲蟲（*Tenebrio molitor*，擬步行蟲
的一種）的幼蟲型態，並非真正的蠕
蟲。雖然麵包蟲易於腸道負載，但是
下顎有力，大麵包蟲能在非常嬌小脆
弱的蜥蜴身上造成疼痛、傷害性的咬
傷。務必餵食蜥蜴尺寸適當的食物，
因為過大的麵包蟲完全不適合小型蜥
蜴或幼蜥。麵包蟲或許一次可以保存
在瓶子裡數個月，如果保存環境超過

45°F（7.2°C），牠們就會變形成小型甲蟲，許
多蜥蜴仍會食慾大開。為了避免這種情況，可將
這些蟲存放於不會升高至45°F（7.2°C）的冷藏
環境。當存放於室溫並加上營養的食物，這些麵包蟲會迅速繁殖，就能
穩定提供各種尺寸的麵包蟲。此外，你可以在麵包蟲群中尋找白色麵包
蟲，這些是剛脫去舊殼的麵包蟲，比一般的麵包蟲容易消化，對餵食生
病的蜥蜴或嬌弱的物種很有助益，還可誘哄絕食的蜥蜴。

超級麵包蟲

　　超級麵包蟲好似一般麵包蟲的大哥，很可能有標準麵包蟲的二或三
倍大，牠們其實是不同物種（*Zophobas morio*）。縱使牠們的營養價值
更高，但牠們有力的下顎也造成更多的傷害。對大型蜥蜴而言，如鬆獅
蜥、雙冠蜥及長鬣蜥，超級麵包蟲是絕佳的食材，但餵食較小型的蜥蜴
吃這些幼蟲時就要非常謹慎。

絕對不要把超級麵包蟲存放於55℉（12.8℃）或以下，超級麵包蟲的生命週期比一般麵包蟲特別，因此要群體養殖較困難。

蠟蟲

蠟蟲是長得像蛆的白色毛蟲，會羽化成常見的大蠟蛾（*Galleria melonella*）。牠們身型小、豐滿且完全無防衛能力，看似是理想的食材。然而，蠟蟲不吃常用的腸道負載材料，所以無法為牠們腸道負載。蠟蟲富含脂肪卻沒什麼營養，因此偶爾當食材或用來替瘦弱或生病的蜥蜴增重即可。

挑剔的蜥蜴可能會在接受其他獵物前先吃蠟蟲，成年的大蠟蛾本身對許多蜥蜴也很有吸引力。

其他「蠕蟲」

許多其他昆蟲的幼體作為食材販賣，包括蠶、番茄天蛾、奶油蟲等。這些另類食材可在網路或爬蟲展的專業供應商買到。蠶——蠶蛾的幼蟲——營養極度豐富且可以當蜥蜴主食，但缺點就是蠻貴的。蠶與番茄天蛾需要特殊的飲食，可以從同樣的供應商那邊取得。這兩種蟲都能長得很大，是較大型蜥蜴的好選擇，如鬃獅蜥、雙冠蜥及長鬣蜥。

雖然很貴，但蠶是蜥蜴食材中最營養的昆蟲之一。

無法飛的果蠅

　　無法飛的果蠅（翅膀發育不良的品種）通常用迷你圓瓶或0.25加侖（1公升）的容器以群體為單位販售。繁殖與餵食的環境為含有豐富營養的膠質或液體，培養出的果蠅有兩種，雖然其中一種稍大，但都很迷你。只有最小的蜥蜴會對無法飛的果蠅有興趣，所以如果購買了非常幼小的蜥蜴，或蜥蜴已下蛋，蛋也快孵化的話，你就會需要一點東西撫育小寶寶，那麼這種果蠅就正是你要的。

蒼蠅與蛆

　　事實上，蛆非常有營養，在特定的寵物店與網路爬蟲商店都可買到。蛆在生命週期的全部三個階段都很適合作為蜥蜴的食材：幼蟲（蛆本身）、蛹及成蠅。最近還買得到有個名為鳳凰蟲的食材，這些「蠕蟲」是黑水虻（*Hermetia illucens*）的幼蟲階段，因此嚴格來說牠們是

入境隨俗

有些愛好者為了省錢、省下去寵物店的時間，會捕捉野生昆蟲與其他無脊椎動物當作蜥蜴的獵物，也能提高蜥蜴食物的多樣性。雖然這是個不錯的點子，但也會造成嚴重的後果。首先，確認你不是從受到農藥、除草劑或其他化學藥劑威脅的地區（如公園或農田）採集這些野生獵物。許多農藥與除草劑會在殺死昆蟲前毒害牠們一輩子，所以抓到的蚱蜢即使活蹦亂跳，不代表牠們沒被汙染，在蜥蜴攝取時有可能會傷害到蜥蜴。其次的重要考量則是你提供的昆蟲種類。顏色鮮豔亮麗的昆蟲，像是瓢蟲，常會有味道噁心或體內毒素的保護措施，而多毛的毛蟲常帶有化學防衛機制，會釋出毒性或惱人的刺與毛。如果你想把野生蟲類當食材，最好通曉你所在地區對蜥蜴有害的蟲類。

蛆。牠們是絕佳的高鈣食材，可以在網路、爬蟲展及爬蟲類為主的寵物店找到。

蟑螂

雖然將蟑螂當成食材的想法一開始並不吸引人，不過要記住，用的不是在水溝、垃圾堆可見的那種吃穢物、在街上亂竄的骯髒蟑螂，而是吃水果和其他高級食物的人工飼養蟑螂。市售最常見的蟑

螂物種包括馬達加斯加蟑螂（*Gromphradorhina portentosa*）、龍蝦蟑螂（*Nauphoeta cinerea*）、橙頭蟑螂（*Eublaberus prosticus*）、骷髏頭蟑螂（*Blaberus craniifer*）、杜比亞蟑螂（*Blaptica dubia*）、六點金翼蟑螂（*Eublaberus distanti*）與古巴蟑螂（*Panchlora nivea*）。

這些全都是熱帶物種，所以逃脫的話也不會在你家繁殖或肆虐。因為其中有些物種能在佛羅里達最南端成長，所以佛羅里達州法禁止進口販賣。進口外國獵物前，一定要先查閱當地法律與州法。雖然在家裡放一堆蟑螂亂跑並不適當，不過作為食材而言，卻是任何蜥蜴菜單上絕佳的加菜項目。有幾個物種能在玻璃上攀爬，因此有點難預防牠們逃脫。在飼育箱壁沿著頂端邊緣塗一條2英吋寬（5公分）的凡士林，再加上細

網蓋就能把蟑螂關好。

　　蟑螂的保存期限超過數個月，因此可以從事長期的腸道負載，你絕對無法對其他食材做等量的腸道負載。有數個物種也繁殖容易，讓這些營養的食材能以不同尺寸源源不絕。只要將蟑螂養在屬於牠們的小飼育箱，墊上白報紙或木屑，提供水果、蔬菜及熱帶魚片的混合餐，接著就只要等待你餵食蜥蜴的那一天。

小鼠與其他蔬菜

　　較大型的蜥蜴在野外常以其他小型脊椎動物為食，依物種與棲息地不同，獵物包括其他蜥蜴、魚、青蛙、蛇、雛鳥、齧齒動物與其他

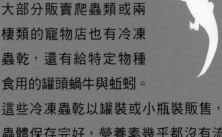

罐頭昆蟲

大部分販賣爬蟲類或兩棲類的寵物店也有冷凍蟲乾，還有給特定物種食用的罐頭蝸牛與蚯蚓。

這些冷凍蟲乾以罐裝或小瓶裝販售，蟲體保存完好，營養素幾乎都沒有流失。更不用說，它們的保存期限非常久。大多數食蟲蜥都能改變飲食，逐漸接受冷凍蟲乾，只要在飼育箱中提供活體食物的同一個區域，同時提供一些冷凍蟲乾即可。在你希望改變蜥蜴飲食的時期，隨著時間提供更多加工食品，減少活體食物。數家公司也有出震動餐盤，為靜止不動的加工蟲乾注入活力。我不建議只餵任何物種的食蟲蜥吃加工蟲乾。

小型哺乳動物。如果飼養這種大型蜥蜴，可以提供牠們這些獵物。有些物種可能會吃脊椎動物，包括鬃獅蜥、長鬣蜥、雙冠蜥及巨板蜥。由於蜥蜴有感染寄生蟲的風險，最好避免餵食牠們其他爬蟲類、兩棲類，或是野鳥與齧齒動物。如果要餵大型食蟲蜥吃魚，最好先把魚冷凍起來，才能減低感染寄生蟲的風險。

　　最好的飼料脊椎動物是人工飼養的小鼠與雛雞，可以買冷凍或活

體。餵食冷凍小鼠與雛雞較為方便、人道且安全，但很多食蟲蜥不吃不會動的獵物。你可以用鉗子搖動獵物，只是蜥蜴應該不會被騙而將濕軟的老鼠視為食物。對這些蜥蜴而言，活體是唯一的選擇。

讓冷凍小鼠或雛雞慢慢解凍至室溫，別用微波爐解凍，以免搞得亂七八糟！放進保鮮袋，再將保鮮袋浸泡在溫水中，也能讓解凍速度加快。餵食蜥蜴用的齧齒動物與雛雞尺寸要適中，遵循餵食蟋蟀時的相同方針。本書中能吃小型脊椎動物的蜥蜴，通常也會吃粉紅乳鼠或細毛乳鼠，而非成年小鼠。

脊椎動物的脂肪比昆蟲高，本書也沒有任何一種蜥蜴只吃脊椎動物，因此一個月內餵食蜥蜴乳鼠或雛雞不要超過一至兩次。如果蜥蜴的體重過輕，每週可以餵食一些粉紅乳鼠。

可以偶爾餵食成年的綠雙冠蜥（*Basiliscus plumifrons*）與其他大型蜥蜴吃乳鼠。

第四章

健康照護

實際上很不想承認，飼養食蟲蜥其實有缺點。我們的小小朋友會被加熱設備燙傷，牠們會跌落，然後斷了腳。長期不當飲食與燈光則會引發造成傷殘的疾病，並且有為數眾多的內外寄生蟲，等著吸我們鱗片寵物的體液。以上是壞消息。好消息則是，只要飼主有一點知識和飼養能力，就能在事前阻撓各種疾病。預防勝於治療，提供蜥蜴適當的居住環境與營養，接觸蜥蜴時按照安全守則，就能成功預防災難降臨在你與你的寵物身上。

獸醫

談到寵物的長期保健，首先要考量的是專攻爬蟲類的獸醫供應情況。你居住的城市是否有獸醫能處理兩爬類，或受過專業訓練治療外國爬蟲類的病症？試試去寵物店打聽或上網尋找最近的獸醫。在寵物發生問題之前，找到專攻爬蟲類的獸醫是絕對必要的。剛取得蜥蜴就馬上帶牠去看爬蟲類獸醫，檢查是否有寄生蟲或評估整體健康狀態，也是不錯的主意。

先檢疫再說

療程的第一步，先把蜥蜴移到飼養章節提到的檢疫缸。這個做法除了有助預防傳染給其他蜥蜴，也能密切關注生病的蜥蜴。

外寄生蟲

近期購買的蜥蜴（尤其是野外捕捉的個體）中，最常見的問題應該是外寄生蟲。外寄生蟲以兩種形式出現：蜱與蟎。這兩種生物是親戚——屬於蛛形綱的蜱蟎目——皆以吸血為食。然而，牠們有許多不同之處，治療方法也有所差異。

蜱

蜱的體型既小又扁，顏色呈現灰紅色。也許你能看到牠們在蜥蜴身上爬行，或更常見的是，依附在蜥蜴身上。一般會在蜥蜴的頭部（通常在眼睛、耳朵及頸部周圍）或泄殖腔發現牠們。蜱鑽入鱗片之中並咬穿底下的皮膚進食。牠們尖銳的上顎咬破皮膚，吸食湧出的血液。

處理蜱的方法是以消毒用酒精擦拭，等待十分鐘，再用鑷子輕輕將牠們拔下來。如果寄生蟲還活著，將牠們丟進裝著酒精的小瓶子，等牠們死了再清理。記住，假使蜥蜴身上的蜱密密麻麻，一次清除會留下嚴

重的創傷，讓蜥蜴極其痛苦，因此你不該一次清除所有的蜱。以消毒用酒精擦拭牠們，每天清除一些，直到完全乾淨為止。

蟎

　　蟎是第二個，且不幸的是，作為折磨食蟲蜥的外寄生蟲更為常見。外型是紅色、黑色或灰色的迷你斑點，這些小小的吸血鬼非常迷你，就像有生命的小沙粒一般。牠們的進食方式與蜱相同，聚集在宿主的眼睛、耳朵、腋下、泄殖腔、嘴巴及鼻孔周圍，因這些部位的皮膚很薄，且微血管的分布很密集。檢查是否有蟎的方法則是，用沾濕的白色紙巾輕輕擦洗蜥蜴，再檢視紙巾。有看到緩慢移動的小斑點嗎？如果有看到，那麼消滅蟎的時候到了！

　　擊退方式主要取決於蜥蜴類型，治療守宮與其他鱗片細小且無交疊的蜥蜴的蟎感染時，只需要將蜥蜴浸泡在溫水中，輕輕刷掉所有肉眼可見的蟎。由於沒有可供躲藏的交疊鱗片，因此蟎會隨水流進水管。然而，若蜥蜴的鱗片交疊（多數物種屬此類），就得每天重複這套清洗程序，直到蟎都消失為止。假使處理的是擁有大量鱗片的物種，如針蜥和巨型環尾蜥，使用牙刷或棉花棒很有幫助，輕輕挑開鱗片，徹底根除任何躲藏的蟎。

　　因為蟎潛伏為害，在飼育箱之間容易迅速蔓延，最後所有蜥蜴都被感染，任何受到感染的蜥蜴都必須馬上移到屋裡的另一個房間。所有底材與活體裝飾（各種植物）都必

野生巨蜥腿上的蜱。人工繁殖的蜥蜴絕少會有蜱。

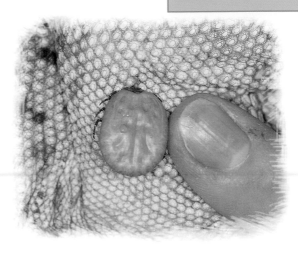

須處理掉，而所有無生命的設備，包括飼育箱本身，都必須徹底用熱肥皂水清洗，才能殺死任何活著的蟎或蟲卵。蟎的卵非常頑強，可能處理後仍繼續存活，所以請準備好多洗幾次飼育箱。

你也可以請獸醫進行除蟎治療，通常會使用藥劑伊維菌素（ivermectin），再按照獸醫的指示，將藥劑噴在蜥蜴和飼育箱上。這個治療非常安全有效，唯一要注意的是，伊維菌素對海龜及陸龜具有毒性，如果你也有養這些爬蟲類，那麼用藥時就要非常小心。

內寄生蟲

當然，不是所有寄生蟲都寄生於體外。各式各樣的寄生蟲會侵擾蜥蜴的腸胃道，好發於野外捕捉的蜥蜴，但人工飼養的蜥蜴也會受病蜥傳染。雖然蟯蟲與鉤蟲對蜥蜴而言最危險（因為牠們能在蜥蜴體內完成生命週期並繁殖至死亡），但線蟲、扁蟲、吸蟲，以及其他無脊椎害蟲都能製造出各種問題，這時就需要請獸醫進行相對沒那麼昂貴的診斷。即便是經驗豐富的兩棲爬蟲類學家也很難確認並處理內寄生蟲。我不建議讓一般愛好者鑑定與治療，畢竟誤診與醫療生手很容易造成蜥蜴死亡。

如果蜥蜴有以下症狀，成因可能就是內寄生蟲。請獸醫做健檢並診斷才是正確的處置法：

- 排稀便或血便
- 突然失去食慾或體重下降
- 食慾增加，體重卻下降
- 嘔吐
- 糞便裡有蟲或蟲卵

內寄生蟲一般用口服藥物治療，有時也會使用注射藥物。很多時候，爬蟲類帶有不影響健康的

野外捕捉的蜥蜴常有蟎寄生，圖為被蟎寄生的岩針蜥（*Sceloporus poinsetti*）。

讓大家遠離疾病

保持沒有糞便與尿液堆積的乾淨設施，在遏止沙門氏菌屬
（*Salmonella*）的細菌散播上至關重要。大部分蜥蜴的消化道
都有沙門氏菌，如果這些細菌跑進人類眼睛、嘴巴或開放性傷
口，則會造成嚴重感染。

每天遵守簡單的衛生原則，就能預防沙門氏菌的傳播。以下是可供遵循的
準則：

- 不可讓小孩在無大人監督的情況下接觸蜥蜴，務必讓他們了解接觸
  蜥蜴時或之後，絕不能用手去摸眼睛與口鼻。
- 接觸蜥蜴或保養飼育箱時，不可飲食或抽菸。
- 接觸蜥蜴後，一定要馬上用抗菌肥皂洗手。
- 絕不可讓蜥蜴爬過廚房料理台、餐桌或其他準備人類食物的地方。
- 絕不可讓蜥蜴爬到臉上或爬進嘴裡。

少量寄生蟲，但會造成長期壓力而使免疫系統功能降低。妥善飼養能避
免這些寄生蟲變成問題。

呼吸道感染

　　飼養環境的不當濕度通常會引發呼吸道疾病，但仍有其他成因，像
是長期壓力與過於涼爽的飼養狀態。症狀包括呼吸不順、氣喘吁吁、鼻
孔有黏液累積（別跟排鹽行為混淆，如同之前所述，許多物種的蜥蜴會
以打噴嚏的方式排出體內多餘的鈉，在鼻孔周圍留下鹽分結晶）、長期
仰頭張嘴，以及口鼻流出黏液泡泡。假使出現最後兩個症狀，蜥蜴已在
呼吸道疾病最終期，必須趕緊讓獸醫治療。沙漠物種為最常見的呼吸道
疾病受害者。

隱孢子蟲病

有一種無法從受侵襲蜥蜴身上根除的危險內寄生蟲是隱孢子蟲（*Cyptosporidium*），感染本身稱為隱孢子蟲病，症狀與其他寄生蟲感染相似，包括嘔吐、嚴重腫脹與脹氣、體重急速減輕。愛好者與商業培育者都很恐懼隱孢子蟲病，因為出現症狀前可以潛伏兩年或以上。感染隱孢子蟲病的蜥蜴一定會痛苦且緩慢地死亡，應該交由獸醫執行人道安樂死。最近隱孢子蟲病在鬃獅蜥與豹紋守宮身上的發生率以驚人的速度升高。

如果發現得早，只要提高一點飼育箱的溫度，大部分的呼吸道疾病就能痊癒。若是濕度問題，將濕度調整至適當程度即可。假使蜥蜴的情況未在二至三天內改善，請尋求獸醫協助。

皮膚病

病變、膿瘡、水泡與其他嚴重的皮膚疾病都會讓蜥蜴受苦，這些疾病通常由潮濕、汙穢的生活條件所造成。患部可能會變色、流膿，或皮膚下有硬結節或硬塊。皮膚問題最常出現於蜥蜴下半部：足部、腿部、腹部及尾巴下方。

正如折磨食蟲蜥的多數疾病，治療之道先從改變引發問題的骯髒或緊張的生活條件；依序為溫暖、乾燥（依物種而定）、衛生條件。以抗菌潔淨露清洗，再抹上抗生素軟膏。密切注意潰瘍部位，如果沒有迅速改善，就要找獸醫處理。

皮膚下的結節或硬塊通常是膿瘡，猶如膠囊般包覆膿與病原體的感染，也有可能是腫瘤，所以這個病兆必須交由獸醫判斷。獸醫會檢驗後再確認問題是否為膿瘡或腫瘤。如果是膿瘡，獸醫會割開膿包、擠出膿液並清理患部，也可能會開抗生素。

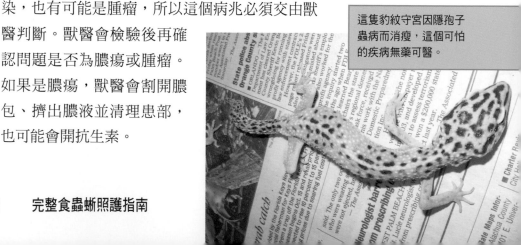

這隻豹紋守宮因隱孢子蟲病而消瘦，這個可怕的疾病無藥可醫。

代謝性骨病

代謝性骨病（Metabolic bone disease，大部分的兩爬愛好者會稱之為「MBD」）為退化性疾病，起因是長期營養不足或缺乏適量的照明。快速成長的新生兒與幼蜥特別危險，症狀包括：四肢與下顎有橡膠般的柔軟度；頭骨、脊椎、尾巴畸形；無法進食；癱瘓與死亡。

蜥蜴的飲食缺乏鈣或維生素D就會引發MBD。維生素D在蜥蜴體內擔任催化劑的角色，沒有它的話，蜥蜴就無法吸收鈣。MBD的次要原因源自照明不足。紫外光（來自未經過濾的自然陽光）幫助蜥蜴製造牠們自己的維生素D，有助整體新陳代謝。每二至三餐在牠們的飲食中補充一次鈣／維生素D補給品，

脫水

倘若蜥蜴飼育箱太乾燥，或無法以可接受的形式提供足夠的水分，蜥蜴就會開始脫水。可能會出現的脫水徵兆有：鱗片捲曲或萎縮、眼睛凹陷、喪失食慾、蛻皮困難及便祕。即使低程度的脫水也會損害腎臟，最終造成腎臟問題並減短壽命。叢林物種普遍會遇上脫水問題，特別是變色龍容易受害。治標之道是將蜥蜴浸泡在裝有溫水的淺水盆半小時。長期治本之道則是提高飼育箱的濕度，並確保蜥蜴能接觸到新鮮水源。

以玻璃紙部分覆蓋於上方，包括飼育箱內的活體植物，有助提高濕度。使用較大的水盆（該水氣會在飼育箱內蒸發）也是正確的做法。

並提供蜥蜴充足的自然日曬或專門的全光譜紫外光燈泡，就能防止蜥蜴罹患MBD。至於適當的照明細節，請參閱飼養環境章節。

受傷

由於蜥蜴的體積小，我們又喜歡常常把玩牠們，食蟲蜥可能會遭受各種肢體傷害，包括四肢骨折（起因於從高處掉落）、抓傷或咬傷（同

口腔潰瘍

口腔潰瘍，正式名稱為傳染性潰瘍性口炎，雖然成因很多，不過最常見的情況是蜥蜴一再處於溫度不足的環境。過度暴露在涼爽的環境下，會妨礙免疫系統運作，並引發牙齦感染。營養不良也可能是成因。

你初次注意到口腔潰瘍，可能是經由發現蜥蜴口中所形成的細菌「起司」。這會造成不適、腫脹、面部扭曲、牙齦流血、缺乏食慾，最後演變成掉牙，甚至死亡。在口腔潰瘍的初期階段，也許可以輕輕掰開蜥蜴的嘴巴，以沾有優碘或雙氧水的棉花棒，清理掉淡黃色滲出液的結塊。將飼育箱的溫度調至適當程度。假使疾病更為嚴重，就應該由獸醫施行抗生素治療。

籠蜥蜴或家貓造成）、燒傷、斷尾等。輕微割傷與擦傷也許可用優碘或雙氧水清洗，再擦上外用抗生素軟膏。很深的傷口、無法癒合的割傷、穿刺傷或其他嚴重的問題，則需要獸醫的治療。四肢骨折也需要專業照護。燙傷則是完全可以預防，藉由提供適當的加熱設備與控溫器。除了最輕微的燙傷外，其他都需要獸醫治療。如果蜥蜴有輕微燙傷，將傷口泡在冷水中，接著以

脫水與低濕度都會造成蜥蜴蛻皮困難。圖為正在蛻皮的環頸蜥（*Crotaphytus collaris*）。

治療割傷或擦傷的方式處理。

蜥蜴健康照護總結

蜥蜴一旦生病，有兩個不利於康復的因素。首先是尺寸問題，本書中大部分的蜥蜴體型都很嬌小，使得牠們一罹患疾病就很容易死亡，因體型較小更容易被各種病症擊倒。治療蜥蜴相關疾病的藥物多適用於較大型的動物，如巨蜥或巨蟒（且許多藥物其實是設計給犬、貓或馬）。因此，處理如此嬌小的動物，劑量必須大幅降低，藥物過量就如疾病本身一樣致命。

不利食蟲蜥康復的次要因素是，醫藥費與蜥蜴的相對價格。即使耗費蜥蜴價格的10到12倍醫治牠似乎很荒謬，但請謹記在心，養寵物就是承擔道德責任，包括提供醫療資源給寵物。

救蜥蜴六招

1. 儘快判斷出確切的病症，如果無法確定就帶去看獸醫。
2. 將飼育箱的溫度提高 5 ～ 10 ℉（2.8 ～ 5.6 ℃）。在野外環境中，蜥蜴時常會尋找溫度較高的地區，並花費冗長的時間做日光浴以便自我修復。在這段期間，繼續提供蜥蜴較涼爽的休憩處。
3. 以常用的療法盡力治療疾病。
4. 減少壓力。盡可能讓飼育箱周圍的空間零壓力。這段時期沒必要就別接觸蜥蜴，將蜥蜴獨自移到檢疫缸。
5. 如果蜥蜴願意進食，依其食量儘量餵腸道負載的食材，畢竟要康復就需要牠所能吃到的全部營養。改成高營養的食材，如蠶，也是不錯的主意。
6. 一旦診斷正確無誤，就依照該疾病做治療。

務必記住，我們處理的是如此小型的動物，看獸醫不便宜，而且很難幫助到蜥蜴迷你的身體，所以給食蟲蜥最好的治療就是預防。遵照餵食、飼養及觸摸的基本原則，你可能就永遠不會遇到此章節所列出的任一問題。蜥蜴是否能常保健康，取決於你每天照料與維護時的行動與判斷。

第五章

物種
小檔案

本章專門提供在決定與購買特定蜥蜴物種前，所需要知道的重要資訊，並涵蓋大量的食蟲蜥物種。然而，蜥蜴約有 3000 個物種，且大部分以昆蟲為食。很顯然地，本章並非包羅萬象，不過將會帶你認識可能會在寵物店或爬蟲展看到的多數蜥蜴。

本章中每隻蜥蜴的小檔案資訊詳盡，對愛好者非常重要。檔案主要以生態類型分門別類（沙漠、叢林、森林、熱帶莽原、山岳等），也就是物種生活的地區。接著進一步依照名稱（俗名與學名）、居住需求、成蜥平均尺寸，以及整體寵物合適度，對蜥蜴進行更詳細的評價。寵物合適度從1至5劃分等級：5為難以飼養的物種，新手不該購買；4為稍微容易飼養；3是新手只要全心投入，就能成功飼養的一般蜥蜴；2為纖細、強壯的蜥蜴；任何歸類到1的蜥蜴則是新手與老手的上等選項。在某些情況，原本長壽且強壯的物種，可能基於攻擊傾向或非常怕生、性情孤僻（竭盡所能躲起來的物種，很難為新手帶來意義），而被歸類為較高的等級。

　　雖然現存的食蟲蜥實在太多，無法在這裡一一說明，所以強調了最普遍飼養的物種，以及一些以往熱門，現在偶爾出現在寵物圈的物種。不過也請牢記，有些現今爬蟲愛好圈的熱門物種（例如：豹紋守宮）只會佔一點篇幅，因為已有很多內容充實的書介紹這些可愛蜥蜴的照顧與飼養方式，所以我不會花太多時間討論牠們。由於許多物種的基本需求可能跟同屬或同科的其他成員一模一樣，因此有些地方只會介紹其中一種。舉例來說，角蜥屬（*Phrynosoma*）有各式各樣的變異，但牠們的飼養需求都差不多，全部都個別介紹會變得多餘。

鬃獅蜥是極受推崇給愛好者的蜥蜴。不僅強壯，一般來說也很溫馴。

沙漠物種

沙漠物種通常具有高代謝率，而日行性物種比其他生態類型的蜥蜴更需要高溫。相反地，這些蜥蜴也需要密集的遮蔽處，以及冷卻用的蔭涼地，能讓牠們逃離炎熱的沙漠豔陽。許多沙漠蜥蜴需要比白晝溫度低上許多的夜間溫度，大多數的沙漠在夜晚都頗為涼爽，甚至寒冷。

鬃獅蜥（*Pogona vitticeps*）

分布：大量遍布於澳洲。

尺寸：可能達21～22英吋（53.3～56公分）。

飲食：昆蟲、蔬菜、小鼠。成蜥的飲食應該約一半為昆蟲，一半為綠色蔬菜與其他蔬菜。

壽命：照顧極好的話，或許能超過十年。

飼育箱尺寸：平面區域比高度重要，雖然鬃獅蜥有機會就會攀爬。15加侖（56.8公升）的飼育箱適用於幼蜥，而55加侖（208.2公升）則可作為成蜥的家。鬃獅蜥天生有地盤觀念，愈多空間讓牠們漫步，狀態就愈好。

溫度：85℉（約28℃）的環境，配上達到105℉（40.6℃）的熱點。

照明：一天10～12小時，需要大量的UVB。

描述：這些蜥蜴擁有龍一般的外表，帶著符合澳洲沙漠遍布碎礫的黃褐土壤的底色：淡紅混暗褐色或棕色的背景色上，有著棕褐色與淡黃色。圓錐形與粗糙不平的小小鱗片裝飾背部與身體兩側，腹部卻平坦柔軟。

新手前十名

以下名單包含在人工飼養環境中，最強壯且最好養的蜥蜴物種。任何爬蟲圈新手在選擇第一隻食蟲蜥時，都會得到將範圍鎖定在這十種的建議。

- 肥尾守宮
- 變色蜥（綠色或棕色）
- 犰狳蜥
- 鬃獅蜥
- 卷尾蜥
- 豹紋守宮
- 鱷魚守宮
- 眼斑石龍子
- 橙點石龍子
- 巨板蜥

俗名來自圓錐形的鱗片「鬃」，在捍衛地盤或面對掠食者就會展開，喉嚨部位在緊張時會膨脹直立；在交配季節或炫耀時，雄性的鬃會從黑色轉為藍黑色。

寵物合適度：1。鬃獅蜥強壯、聰明、漂亮，而且好養。

環頸蜥（*Crotaphytus collaris*）

分布：廣泛分布於美國西南部。

尺寸：8～14英吋（20.3～35.6公分）；雄性比雌性體型大很多。

飲食：所有會動的東西。人工飼養時的飲食應包含約70%的腸道負載昆蟲，與30%的脊椎動物蛋白（如：粉紅乳鼠、較小的蜥蝪）。剛從野外捕獲的環頸蜥可能不會從水盆喝水。一大清早在石頭上噴灑些水滴，讓蜥蝪舔食，直到習慣從水盆飲用不流動的水。

壽命：記載超過十年。

飼育箱尺寸：大型。環頸蜥需要在寬廣開闊的空間活動，單隻在55加侖（208.2公升）或更大的環境就會活得很好。牠們喜歡棲息在高聳的岩石上，因此提供一些可攀爬的材料是好主意。

溫度：喜歡曬太陽，這種爬蟲類需要範圍落在83～86℉（28.3～30℃）的環境，配上達到115℉（46.1℃）的熱點。夜間溫度可能要降至60℉（低至17℃）才不會有不良後果。

雖然環頸蜥美麗又有趣，卻也很有攻擊性。

照明：整天處於明亮，搭配高量的UVB。

描述：環頸蜥的俗名來自幾乎環繞整個頸部的黑色條紋（至少是在雄性身上；雌性的色圈可能斷掉或模糊）。這些蜥蝪身強體壯且喜歡較量。擁有逃離掠食者或只靠後腿就能追擊獵物的能力。

對獵物而言，這些結實的爬蟲類肯定擁有恐龍般的外貌。

　　被逼急或受到威脅時，環頸蜥將會毫不遲疑地使用暴力自衛。典型的防衛行為包括以後腿站立，以及跳到攻擊者的面部，用力咬下去，並緊捉不放。因此，無防備的攻擊者離開對峙場面，留下滿身是血和傷痕的環頸蜥的情況並不罕見。環頸蜥是北美最美麗的物種之一，在交配季節尤其鮮豔明亮。雄性的身上沿著兩側與頸部分布的翠綠色澤，還有灑濺在頭部與身體前半部的橘紅。背部則充滿白色與黃色的斑點。當雌性懷孕時，身體前半部會顯現出橘紅色的斑點。

　　環頸蜥有好幾個物種與亞種，照顧方式都是相同的。對愛好者而言，相異的部分大抵是在顏色和價格上。

另五隻沙漠蜥蜴

這裡還有五隻蜥蜴物種能在沙漠缸蓬勃生長。務必要好好研究你想養的任何物種。

星紋飛蜥（*Laudakia stellio*）
棘趾蜥（*Uma* spp.）
那米比亞守宮
（*Chondrodactylus angulifer*）
侏儒鬃獅蜥（*Pogona henrylawsoni*）
非洲粉紅壁虎（*Palmatogecko* spp.）

寵物合適度：3。環頸蜥並不適合所有人，我也不推薦新手飼養。牠們有大空間的需求，加上偶爾好勇鬥狠的個性，不難看出為何這些爬蟲類最好留給老手養。請牢記這些蜥蜴是死忠的肉食動物，會殺害並吃掉其他同居的蜥蜴，包括牠們的同類。

樹蜥（*Urosaurus ornatus*）

分布：德州向西至加州南部，以及墨西哥南部；通過猶他州至北部。

尺寸：4～6.5英吋（10.2～16.5公分）。

飲食：擬步行蟲與小蟋蟀，樹蜥也吃蠟蟲、麵包蟲等。

壽命：可能超過四年。

飼育箱尺寸：儘管身為沙漠動物，樹蜥為樹棲性，且必須要有很多由岩石、乾樹枝等構成的垂直攀爬空間。以這個情況來說，飼育箱的高度比寬度重要。無論是天然（軟木樹皮、噴砂葡萄藤、浮木等）與人造的攀爬物都能滿足需求。單隻的飼育箱必須有10加侖（37.9公升），群體的飼育箱則更大。

溫度：82～84℉（27.8～29℃）的環境，配上94～46℉（34～36℃）的曝曬區，夜間溫度降10℉（5.5℃）左右沒問題。

照明：每日都該有好幾小時的紫外光照明，但這些蜥蝪並不需要照整天。在野外環境，樹蜥會在白天最熱時，找尋岩石縫隙或西洋杉的樹蔭躲避沙漠的艷陽。牠們會在傍晚時分出來做日光浴。

儘管被當成蛇類的食物販售，但樹蜥是很棒的寵物，對飼育箱生活適應良好。

描述：樹蜥是苗條、敏捷的掠食者，腳速與攀爬能力讓牠們能追擊獵物，並逃離掠食者之口。樹蜥身著灰色至沙土黃的底裝，背上則有黑色至暗灰的V型斑紋，牠們把最鮮艷的色彩穿在尾巴上。下半身寬，且隨即轉為如鞭子般細長的形狀，樹蜥的尾巴可能為橘黃色，有些個體甚至帶點紅色。溫暖、無壓力的樹蜥體色，會比體寒、生病或遭受高度壓力的樹蜥來得明亮。

這些蜥蝪主要在清晨數小時活動，會找尋遮蓋物躲避酷熱的沙漠烈陽，因此會爬進西洋杉、籬笆柱縫隙或直立的枯木，於傍晚時分會再度活動。

寵物合適度：2。樹蜥在寵物市場上常被視為食蜥蛇類的「食材」，也是絕佳的寵物。牠們戒心很重，可能經常會躲在岩石遮蔽物後面。寵物市場中其他的樹蜥物種（峽谷樹蜥、東部樹蜥及細鱗樹蜥）應該可被飼養於相似的環境。

卷尾蜥（*Leiocephalus* spp.）

分布：大量分布於整個加勒比海地區，包括巴哈馬。由於逃脫與棄養，使得佛羅里達南部也有蹤跡。

尺寸：7～10.5英吋（17.8～26.7公分）。

飲食：各種昆蟲。

壽命：不明，不過有報告指出活到7年仍在合理範圍內。

飼育箱尺寸：卷尾蜥主要是陸棲性動物，需要大量的水平空間，因此有廣大地面空間的飼育箱才適合。單隻在20加侖（75.7公升）的飼育箱便能成長茁壯，群體則需要40～55加侖（151.4～208.2公升）的棲息處。

溫度：喜歡在清晨與傍晚做日光浴。這些強壯的蜥蜴喜愛80～86℉（27.2～29.4℃）的環境溫度，曝曬區則大約在95～100℉（35～37.8℃）。如同其他人工飼養的蜥蜴，應該提供足夠的涼爽休憩處讓牠們調節體溫。

照明：8～12小時的全光譜紫外光燈。

描述：由於整個加勒比海熱帶區和附近島嶼（以及美國本土）有許多卷尾蜥的物種與亞種，因此可能無法得知你飼養的確切物種。其大部分來自佛羅里達與海地，但也有些是從其他島嶼進口。

俗名來自脊狀的尾巴，與同類溝通時會捲起、抽動和搖動，也是

一些卷尾蜥物種來自海地。在愛好者圈最常見的兩種為 *L. schreibersi*（下圖）與 *L. personatus*（上圖）。

獨特的防禦工具。相信大家都知道，許多蜥蜴被掠食者纏上時，快速逃離現場之際會丟下抖動的尾巴當誘餌。不過卷尾蜥的生存策略更勝一籌。在掠食者靠近時，卷尾蜥會讓頭部、身體及腿部完全保持不動，同時狂亂且不規律地甩動尾巴。這條胡亂擺動的尾巴被用來當作吸引掠食者注意的誘餌。當掠食者攻擊時，往往會直接對著活動的尾巴，而非蜥蜴本身，於是卷尾蜥活了下來，繼續為之後奮戰。

這些蜥蜴很少貿然爬上高樹，或距離地面好幾英呎的高處。由於牠們死守地面活動的生活方式，因此經常成為蛇類的獵物。諷刺的是，蛇類很少會被蜥蜴甩動的尾巴所愚弄。卷尾蜥會待在自己挖的洞穴裡，所以要提供卷尾蜥一些沙類底材，牠們才能完成這項行為。一般來說，只要讓卷尾蜥處在相對濕度低於65%的環境，牠們在沙漠或熱帶莽原棲息地都能生長良好。打造一個有著濕冷底材的躲藏處，讓蜥蜴能躲進去休息，同時也要在飼育箱保留一個乾燥的地方供牠們做日光浴。

寵物合適度：1。卷尾蜥是被低估的小型蜥蜴，愛好者期盼的最強壯、活潑與不怕生等條件，牠們樣樣不缺。

側斑蜥（*Uta stansburiana*）

分布：新墨西哥、德州、墨西哥北部。

尺寸：可達6英吋（15.2公分）。

飲食：昆蟲與其他無脊椎動物。

壽命：可能超過五年。

側斑蜥強健又美麗，只是在愛好者圈未受賞識。

飼育箱尺寸：側斑蜥是活潑的動物，因此又長又寬的飼育箱是必備品。儘管牠們的體型很小，我仍建議不要使用小於30加侖（113.5公升）的飼育箱，並且要搭配足夠

的垂直攀爬物。

溫度：將環境溫度維持在80～86℉（26.7～30℃），曝曬區則是95℉（35℃），夜間溫度降10℉（5.6℃）即可。

照明：8～10小時的全光譜UVB。

描述：美國西南部灌木叢和沙漠的原生種，在其分布地最常見的物種之一。牠們喜歡在籬笆柱或小型樹的某側做日光浴，整個白天也很積極捕食獵物。

這些蜥蜴身上有棕灰的天然底色，俗名取自前肢後方，側邊的橫向藍黑色斑點。雄性可能也會有沿著尾巴與背部生長的閃耀藍綠色斑點，這些顏色通常在受到驚嚇或緊張時消退。

寵物合適度：1。側斑蜥是我個人的最愛之一，因為牠們斑斕又活潑。飼主進到房間時，側斑蜥上前靠近飼育箱玻璃的事蹟並不罕見。牠可能會像狗一樣乞食，飼主也常會享受以手指餵牠們吃麵包蟲或蟋蟀。這個物種強健、溫馴又美麗，雖然被低估，但會是個絕佳的寵物。

無耳蜥（*Holbrookia* spp.）

分布：大量分布於整個美國西部。

尺寸：僅達6英吋（15.2公分）以下，依討論的亞種而定。

飲食：昆蟲與其他無脊椎動物。

壽命：不明。根據近期的資料，合理推測為四年以上。

飼育箱尺寸：無耳蜥是地面活動的跑者，因此需要寬廣的環境。著重於平面區域，而非垂直高度的飼育箱較適當。飼養一到三隻時，建議飼育箱不要小於55加侖（208.2公升）。

溫度：無耳蜥喜歡熱，環境溫度84～86℉（約28～30℃），配上一個（或兩個）範圍在100～110℉

雌性側斑蜥不如雄性鮮豔亮麗，牠們的斑點也較不明顯。

（37.8～43.3℃）的曝曬區更好。涼爽的休憩處與夜間溫度調降也一定要有。

照明：12～14小時的UVB。

描述：精瘦結實、行動敏捷又極其小心的爬蟲類，斑點為灰色、棕褐色及沙黃色等大地色調。這些蜥蜴會在清晨陽光下做幾小時日光浴，也會站在開放的沙地或露出地表的低矮岩石，高高抬著頭，並且睜著眼睛以防危險，牠們是掠食者很難接近的物種。

這些地棲型蜥蜴絕少爬上離地面數英呎（一公尺以上）的地方，反而會尋找岩石或沙地下的遮蔽處。如果無處可逃，無耳蜥會毫不猶豫地「潛進」鬆軟的沙子逃離危險。其俗名是取自牠們沒有外耳開口的事實（雖然牠們並非真的耳聾），這些動作迅速的獵手整天都在尋找蜘蛛、甲蟲，以及粗心的蒼蠅與蟬。向外展開的腿和寬闊的腳，有助牠們在鬆軟的沙地上獲得有利的立足點。

寵物合適度：3。假使能提供這些蜥蜴足夠的空間遊晃，一小群無耳蜥

群體生活

有時愛好者會沉溺於讓很多蜥蜴同處一室的想法。雖然這個想法並非完全不可行，不過在一頭熱前，有許多問題要納入考量。首先，必須確定所選的蜥蜴物種能和平同居。許多蜥蜴，如變色龍與地棲性守宮，會因地盤、敵對、掠食而輕咬或咬傷較小的蜥蜴。成功的混居也需要蜥蜴的需求類似，讓沙漠蜥蜴和雨林蜥蜴住在一起是行不通的。

另一點要考慮的是，多隻同樣物種的雄性或許會互相出現異常的地盤意識，甚至可能大打出手到死為止。最後要考量的是，飼育箱中雌性蜥蜴的福祉。很多物種的雄性蜥蜴會變得很好動，箱中孤身的雌性很快就會被大群雄性「交配至死」。因此，對你想養在一起的特定物種做些功課，並確認每隻蜥蜴同居時都能成長茁壯。

是任何爬蟲收藏中獨一無二的新成員。希望擁有寵物類的愛好者則該另覓他處，警戒心強的無耳蜥無法忍受把玩。

生活於白色沙漠的無耳蜥，已經發展出符合環境的蒼白體色以便偽裝。

蛙眼守宮（*Teratoscincus scincus*）

分布：南亞或阿拉伯半島。

尺寸：可達7英吋（17.8公分）。

飲食：昆蟲，強烈推薦腸道負載的蟋蟀；懷孕的雌性在每餐尤其需要添加額外的鈣。

壽命：八年或以上。

飼育箱尺寸：身為陸棲性流浪者，蛙眼守宮需要又長又寬的飼育箱，而非特別高的。多數專家都同意，飼養三隻以下的話，30英吋長x12英吋寬（76.2 x 30.5公分）的飼育箱就已足夠。

照明：全光譜照明對蛙眼守宮有益，提供讓牠們曝曬。這些動物在夜間活力充沛，然而絕少做日光浴。

溫度：85℉（29.4℃），配上約100℉（37.7℃）的熱點。涼爽的休憩處和夜間溫度調降對該物種的健康至關重要。

描述：蛙眼守宮（也稱為伊犁沙虎、蛙眼擬蜥）為陸棲性，極愛挖地洞。這些嫻靜的蜥蜴白天躲在堅固的深洞中，一到黃昏就會出來夜遊，找尋甲蟲、蠍子和蝗蟲。

爬蟲圈裡有數種蛙眼守宮可買，至少有三種是人工繁殖。圖為 *T‧scincus*，是常見的蛙眼守宮。

　　蛙眼守宮的鱗片很大，層層相疊有如瓦片，跟魚類的鱗片非常相似。這些鱗片（與底下的皮膚）非常脆弱，如果突然抓住或撿起守宮，鱗片很容易就掉落。即使牠們在沙漠環境生長無礙，卻強烈依賴濕氣，在呼吸時會進入與排出牠們的皮膚。若養在乾燥的飼育箱，卻沒有休憩用的潮濕地洞，蛙眼守宮很快就會死亡。牠們是沙漠蜥蜴，應該要隨時提供可使用的小水盆。

　　繁殖期的雌性能在一季產出將近三打的蛋，很快就會耗盡牠的鈣存量。絕對必須提供懷孕雌性額外的鈣和礦物質補充品。

　　寵物市場有數個沙虎屬（*Teratoscincus*）物種可買，不同物種的照顧原則非常類似，雖然有些偏好較涼爽的溫度。人工繁殖的守宮可透過網路供應商與較大型的爬蟲展購得。

寵物合適度：5。我不厭其煩一再強調，飼主必須要有處理沙漠守宮的多年經驗，這些脆弱的動物最好留給專家養。

花崗岩刺蜥（*Sceloporus orcutti*）

分布：加州最南端、下加州半島。

尺寸：成蜥可能在8～10.5英吋（20.3～26.7公分）的範圍。

飲食：對各種昆蟲皆欣然接受，偶爾會吃蒲公英與其他花卉。

壽命：很可惜，人工飼養的壽命很難得知，因為這種蜥蜴通常在飼育箱

無法獲得適當的照顧。野生個體能活好幾年。

飼育箱尺寸：一隻成年花崗岩刺蜥可能會在30加侖（113.5公升）的飼育箱活得很好，提供足夠的岩石群或假山讓牠攀爬與躲藏。絕佳的通風和低相對濕度對本物種的長期生存不可或缺。沒有一個針蜥屬（*Sceloporus*）物種能適應斯巴達式或非擬自然的飼育箱。

溫度：熱！花崗岩刺蜥需要的日間環境溫度約為85℉（29.4℃），配上100～110℉（37.8～43.3℃）與涼爽的休憩處。

照明：光明、高亮度，提供高量UVB的全光譜照明。

描述：花崗岩刺蜥大概是北美大陸上外觀最詭麗亮眼的蜥蜴，簡直是把彩虹穿在身上：亮銅帶黑的體色上，每一枚鱗片皆遍布藍綠色至金屬淡紫色的斑點。這隻特別引人注目的生物，尾巴與四肢還被海藍的色帶圍繞。雄性無疑地比雌性更加鮮豔，不過雌性的體色仍舊動人。牠們頭很大，下顎也很有力，體格健壯結實，代表牠們是動作迅速的跑者，也是技術精良的攀爬好手。

花崗岩刺蜥是完全的食蟲動物，且牠們以迅雷不及掩耳的速度，凶狠地攻擊並吞食無脊椎的獵物。敏銳的視力則讓花崗岩刺蜥隨時保持警覺，當危險逼近時，牠們會迅速逃進岩石縫隙。雖然牠們整體算強壯，但過度濕冷的環境會讓牠們起水泡。

寵物市場上會有各種針蜥屬的蜥蜴，因此弄清楚購買的物種十分重要。依據蜥蜴出自美國或世界的哪個地區而定，不同的物種有不同的飼養需求。多數在沙漠或熱帶莽原的環境會活得很好，但牠們的需求差異極大。

花崗岩刺蜥與多數其他針蜥，需要熱且乾燥的條件，以及一個頗大的飼育箱。

寵物合適度：3。由於牠們迷人的體色，常會被對長期照顧資訊不足的愛好者衝動買下。這些

強健活潑的蜥蜴對熱度與照明很苛求，但飼養成功後所得到的美學回饋很棒。只要提供足夠的熱度、乾燥與合適的食物，這個物種對老手與專注蜥蜴的狂熱者是絕佳的寵物。

豹紋守宮（*Eublepharis macularius*）

分布：巴基斯坦、土庫曼與印度西北部。

尺寸：可達8英吋（20.3公分）。

飲食：昆蟲。

壽命：可能超過20年。

飼育箱尺寸：豹紋守宮是動作緩慢的陸棲性爬蟲類，只需要最小的空間活動即可。成年豹紋守宮的飼育箱15加侖（56.8公升）就已足夠，高度則無關緊要。強烈建議設置潮濕的躲藏處。

溫度：提供溫度梯度，範圍是從飼育箱一側的75℉（23.9℃），到另一側的87～89℉（30.5～31℃）。由於豹紋守宮與其相關物種的夜行性生活方式，牠們很少做太久的日光浴。

照明：一天10～14小時。如果打算繁殖的話，光週期特別重要。紫外光雖然非必要（因為這些爬蟲類常避開強光），但最好使用一下。

描述：陸棲性、體格厚實且動作緩慢，瞼虎科是唯一具有可動眼瞼的守宮。此家族包括豹紋守宮（*Eublepharis*）、肥尾守宮（*Hemitheconyx*）、帶紋守宮（*Coleonyx*）、貓守宮（*Aeluroscalabotes*）、洞穴守宮（*Goniurosaurus*）及白眉守宮（*Holodactylus*）。上述幾種，只有前三種適合大部分的愛好者，其他的不是太稀有就是太特殊。所有物種幾乎都是夜行性。

沙漠強棱蜥（*S. magister magister*）在美國西部分布甚廣。飼養方式跟花崗岩刺蜥差不多。

　　豹紋守宮喜歡躲在地表露出的

岩石之間，在跟蹤獵物之際，會顯現如
貓一般的古怪姿態。當這種守宮集中精
力獵殺時，牠會快速來回搖動尾巴，就
像貓在出手前的模樣。每隻的體色極為
不同。豹紋守宮身著黃色底色，上面有
著紫色帶棕紅的斑點，但牠們已經被繁
殖出多種顏色品系，包括白化、雪白、

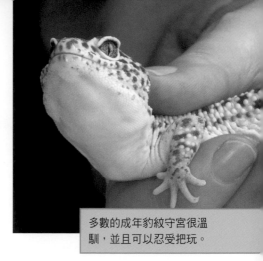

多數的成年豹紋守宮很溫
馴，並且可以忍受把玩。

無紋和直線。一小群豹紋守宮與其他瞼虎可以相處愉快，但前提是只有
一隻雄性。

寵物合適度：1。豹紋守宮絕對是最優先推薦給任何經驗級別的愛好
者。這些守宮個性溫和、外表可愛（牠們好似帶著夢幻大眼的笑容）、
身強體壯，而且似乎很享受被人拿出來把玩，特別是在牠們成年時（新
生與幼年期可能會有點受驚）。北美與中美的帶紋守宮也能成為優秀且
長壽的寵物。由於牠們的尺寸較小且不耐把玩，因此等級被列為2。儘
管本文描述的人工飼養環境適合多數瞼虎，但在購買前還是應該對有興
趣的物種做大量額外的功課。

豹蜥（*Gambelia wislizenii*）

分布：愛達荷州南部往南通過墨西哥北部，往東至德州最西邊。

尺寸：可達15.5英吋（39.4公分）。

飲食：昆蟲、粉紅乳鼠、小型蜥蜴。飼養時的食物也許可以用80%的腸
道負載昆蟲，與20%來自粉紅乳鼠的脊椎動物蛋白。

壽命：媲美環頸蜥；約十年左右。

飼育箱尺寸：50加侖（189.3公升）適合養單隻，因為這個活躍的掠食者
需要大量活動空間。

溫度：84～88℉（28.9～31.1℃）的環境溫度，配上達到110℉
（43.3℃）的熱點。體溫調節用的涼爽休憩處（岩石裂縫、PVC管通道

等）絕對是必備的。建議夜間溫度至少要降10℉（5.6℃）。

照明：10～12小時全光譜、高量的UVB。

描述：豹蜥是同類相食且貪得無厭的掠食者，是其活動範圍中最凶猛的蜥蜴。身著沙褐色的底色，上面滿是淡紅色的斑點，奶油色的色帶則繞過背部。這種蜥蜴在美國西部的石礫與草叢能偽裝地極好。如此良好的保護色有助牠跟蹤獵物，並避開掠食者。呈箭型的鼻部和大量鱗片覆蓋的頭部，暗示牠們喜歡從岩石或木頭中，翻找出埋藏或躲藏在裡頭的獵物。豹蜥的腳速非常快，在突襲獵物時也很擅長追擊與壓制。正如預期，豹蜥容易受到驚嚇，可能的話會逃離危險。然而，被逼急時會毫不遲疑地用暴力防禦。這種蜥蜴會造成疼痛、見血的咬傷，絕不可將這種蜥蜴跟其他物種的蜥蜴養在一起。

寵物合適度：4。由於棲息地減少，豹蜥（包括所有亞種）在野外的數量也跟著減少，因此現在已被聯邦政府列為瀕臨絕種。絕對不要購買野生捕捉的個體，因為有可能來自非法盜獵，不過寵物市場偶爾會出現合法人工繁殖的豹蜥。由於這種蜥蜴對空間的需求以及其部分的攻擊行為，我無法推薦給多數愛好者。假使你處理沙漠蜥蜴的經驗豐富，那麼豹蜥能帶來獨特且意義非凡的挑戰。

眼斑石龍子（*Chalcides ocellatus*）

分布：地中海區域、義大利、希臘，與北非至印度西北部。

尺寸：差異極大，範圍可能從僅僅6英吋，到超過12英吋（15.2～30.5公分）。

飲食：無脊椎動物。

壽命：八年或以上皆不罕見。

飼育箱尺寸：依石龍子的尺寸而不同。較大的石龍子需要較大的住處，15加侖（56.8公升）的飼育箱則適合小型個體。沙質底材應該至少5

西部帶紋守宮（*Coleonyx variegatus*）與豹紋守宮的飼養方式差不多，不過牠們的體型較小，不該拿來把玩。

英吋（12.7公分）深，提供這種石龍子多一點躲藏處，雖然牠本身就是沙泳好手。

溫度：提供105℉（40.6℃）的熱點，環境溫度至少要82℉（27.8℃）。夜間溫度大幅下降是不錯的主意。

照明：10～12小時的全光譜照明。

描述：鱗片光亮的蜥蜴。魚雷狀的眼斑石龍子擁有縮小的四肢和小小的眼睛，兩種環境適應特徵皆顯示了地底的生活型態。雖然這種蜥蜴也喜歡做日光浴，但牠們確實喜愛潛入鬆軟的沙子與地表的殘礫，尋找蜘蛛、幼蟲與其他無脊椎動物。

眼斑石龍子需要很深的沙質底材，牠們才能在裡頭挖洞。

俗名出自沿著其背部排列，中間白色的破碎圓點（或眼斑）。牠的下顎與頸部區域也帶有淡藍色斑點。眼斑石龍子出乎意料動作迅速敏捷，如果掠食者接近，牠們會馬上在附近的岩石或枯木下尋找遮蔽處。

寵物合適度：1。眼斑石龍子在歐洲的愛好者間很熱門，直到最近才在美國嶄露頭角。這些文靜的蜥蜴既長壽又相當吸引人，而且很強壯。務必使用砂魚蜥介紹中提及的PVC管，以提供此物種額外的濕氣。

砂魚蜥（*Scincus scincus*）

分布：北非至中東。

尺寸：4～6英吋（10.2～15.2公分）或依據不同亞種，會稍長一些。雄性的體型比雌性大。

飲食：蠟蟲與麵包蟲是砂魚蜥的最愛。此外，還有成年擬步行蟲，也能接受其他無脊椎動物。

壽命：人工飼養可能超過十年，在野外時較短。

飼育箱尺寸：至少要30加侖（113.6公升）的「長型」飼育箱。這些愛挖洞的蜥蜴需要許多地面空間，以及很深的沙質底材。

照明：只要蜥蜴有在做日光浴，就要8～10小時的全光譜照明。如果飼養一段時間，發現牠們只在白天某段時間做日光浴，那麼在那時打開紫外光燈即可，畢竟照亮空蕩蕩的沙地很浪費又毫無作用。每隻石龍子耗費的日光浴時間差異甚大。

溫度：日間環境溫度不要超過85℉（29.4℃），曝曬區則是100～110℉（37.8～43.3℃），夜間溫度大約降10℉（5.6℃）更好。

描述：今日業界最與眾不同的食蟲蜥之一，砂魚蜥（在美國寵物市場大約出現十個亞種）有扁平的楔形頭、密封的埋頭嘴型、扁長形又光亮的身體、平滑的鱗片與凸緣的腳趾。這些適應環境的特殊構造，讓蜥蜴能在牠的沙漠故鄉以驚人的速度悠游軟沙。

砂魚蜥的大理石條紋至銀色的背部，有淡黃至土黃的色帶繞過。這些石龍子透過沙子，感受蟲子蠕動時的震動再捕獵蛆、幼蟲、小蟲子，然後從昆蟲底下冒出來突襲牠們。掠食者接近時，石龍子也是靠對沙中震動的同樣敏感度保持警戒。

供水給砂魚蜥的方法是，在飼育箱的一個角落放一截直立的PVC管，尾端緊靠箱底的玻璃。每10～14天倒入少量的水，砂魚蜥幾乎能從飼育箱深處這層微濕的沙地，以及牠們的獵物身上獲取所需的濕氣。

寵物合適度：1。砂魚蜥很溫馴、漂亮、好養，而且非常強壯。如果有足夠的溫度、夠深的沙子（至少7英吋（17.8公分）深）引導，這些動物能帶給飼主多年的歡樂時光。

巨板蜥（*Gerrhosaurus major*）

砂魚蜥以似乎毫不費力在沙裡游泳的能力博得其名。

分布：東非。大部分來自蘇丹和莫三比克。

尺寸：非常大。成蜥的長度可能超過19英吋（48.3公分）。

飲食：各種昆蟲與一些植物

（四季豆、葡萄、甜瓜，並喜愛蒲公英頂端）。人工飼養時有可能會吃粉紅乳鼠，以及罐頭爬蟲食品與罐頭貓狗食，偶爾也會吃甜美的水果，如奇異果。這種蜥蜴喜歡飼主每天噴一點薄霧。

壽命：在妥當的照顧下，十年左右很常見。

飼育箱尺寸：愈大愈好。訂製的飼育箱不錯，因為也許可以特別打造出滿足這種大蜥蜴的平面區域需求。

溫度：日間環境溫度為80～82℉（26.7～27.8℃）、曝曬區為94～96℉（34.4～35.6℃）就很合適，夜間溫度降10～15℉（5.6～8.3℃）。

照明：12～14小時的全光譜照明。

描述：身穿深棕色重甲大衣的巨板蜥，擁有短而結實的體格、強而有力的尾巴，還有楔形的頭部。身體由皮瓣橫向分隔成上下「半部」，讓牠能吞下大型食物。腿部出奇壯碩，下顎也一樣，讓這隻陸棲性蜥蜴成為技巧高超的掠食者與掘洞者。牠同時也擅長突襲或追擊逃走的獵物。在野外環境，雄性常會建立領地，並且妻妾成群，牠會在那裡防禦掠食者和其他競爭的雄性。

巨板蜥強壯且溫順，但可惜牠們鮮少被人工繁殖。

寵物合適度：1。我很樂意推薦巨板蜥給任何及所有愛好者。這是個愛打鬧、無攻擊性、身強體壯又惹人愛的寵物，似乎很享受常常被帶出飼養環境與人接觸。然而，餵食時必須謹慎行事，因為這種蜥蜴可能不是每次都知道獵物與飼主手指的界線！原本親和友善的巨板蜥，有力的下顎會意外造成疼痛且見血的咬傷。

再者，務必小心剛進口的巨板蜥，牠們時常帶有大量的寄生蟲。只要清除掉寄生蟲，讓牠健健康康，這種強壯的爬蟲類能輕易為飼主帶來十年的爬蟲之樂。應該要有更多飼養者投入培育這種優秀的寵物蜥蜴。

巨型環尾蜥（*Cordylus giganteus*）

分布：非洲南部地帶。

尺寸：8～15.5英吋（20.3～39.3公分）

飲食：昆蟲，飼養時的飲食應該盡可能多變。

壽命：若飼養得當，十年或以上。

飼育箱尺寸：愈大愈好，配上深（蜥蜴的體長）沙堆、泥炭底材、石造躲藏處及攀爬區域（峭壁、洞穴、懸崖等）。可接受的飼育箱尺寸至少要55加侖（208公升），不過75加侖（284公升）以上尤佳。

溫度：日間環境溫度80～86℉（26.7～30℃），配上一個或多個100℉的曝曬熱點。

照明：一天至少14小時的全光譜照明。

描述：巨型環尾蜥是「環尾」蜥家族之一，可說是最令人過目難忘的蜥蜴。尖刺、板甲般的鱗片、重型裝甲般的尾巴，以及邊緣凸起的三角形頭骨，讓這種蜥蜴如同恐龍時代的產物。俗名「望日蜥」來自其不尋常的虔誠日光浴姿勢，牠們會在陽光下保持數小時紋風不動，以身體側邊對著陽光，頭抬得高高的，直接對著太陽。巨型環尾蜥達到理想的溫度後，會快速離開去獵食蜘蛛、蚱蜢與其他無

巨型環尾蜥做日光浴的時間很長，頭部直接面向太陽，因此有了俗名「望日蜥」。

德州角蜥非常難養且受法律保護，愛好者不該購買或捕捉牠。

脊椎動物。

這種蜥蜴是群體動物，可能與一大群同類住在石頭下或靠近防護物的深洞中（每隻有自己的洞穴，構成一個緊密的洞穴網）。巨型環尾蜥被侵擾時會躲進洞穴，對著攻擊者揮動尾巴。如果掠食者試圖將牠拉出來，牠會將頭骨上的尖刺卡在洞穴頂部。

寵物合適度：3。這些動物一定要有全心全意的飼主，願意在牠們身上投注時間、財力（全光譜燈泡和燈泡運作的電費可能會很貴）與勞力。通常要以高價在寵物店及透過專業賣家才能買到，巨型環尾蜥絕對不是心血來潮就能買到的那種蜥蜴。

德州角蜥（*Phrynosoma cornutum*）

分布：堪薩斯至德州，往西至亞利桑那州。在路易斯安那州也能看到，後來被引進至佛羅里達州北部。本物種在其多數的自然棲息地都受到法律保護。

尺寸：大型成蜥可超過7英吋（17.8公分）長，頭部與身體佔了體長大部分。

飲食：極為特殊。為了讓德州角蜥長壽，必須提供牠一些螞蟻，至少要佔主食的30%。其餘大概可由蟋蟀、麵包蟲包辦。每到第三餐就撒一次營養粉。

較小型的板蜥

兩個較小型的板蜥屬（*Gerrhosaurus*）物種，黃喉板蜥（*G.flavigularis*）與黑紋板蜥（*G.nigrolineatus*）體型稍小，偶爾會出現於美國寵物市場。照護方式如巨板蜥那節所述。

壽命：在理想的情況下（有很多螞蟻），人工飼養的德州角蜥可能超過五至八年。然而，許多德州角蜥在購買後不到一年就因營養不良死亡。

飼育箱尺寸：由於德州角蜥不是會到處亂跑的物種，所以在20加侖（75.7公升）飼育箱提供足夠地面空間，以及廣大的假山供牠們攀爬、曝曬與躲藏，大概就能活得很好。

溫度：這些蜥蜴是愛熱族，環境溫度80°F（26.7°C），曝曬區100～110°F（37.8～43.3°C）就能讓蜥蜴表現良好。夜間溫度最多降15°F（8.3°C）。

照明：12～14小時的全光譜照明。

描述：經典的美國「角蟾」，我們很多人小時候都養過，牠們在蜥蜴中是不折不扣的古怪物種。頭部又圓又寬，上面有馬刺狀的骨裝飾，以及頭骨後方延伸的尖狀物，且激動時眼角會向攻擊者噴血。德州角蜥的身上絕對有史前氣息，這也解釋了牠們一直以來人氣不減。雖然輕柔的觸摸不成問題，但剛捕獲的角蜥可能會膨脹身體、發出攻擊性的嘶嘶聲，如果夠激動的話，甚至會造成疼痛的小咬傷。

避開角蜥

寵物市場偶爾會出現好幾種角蜥。最常遇到的是圓尾角蜥（*P. modestum*），沙漠角蜥（*P. platyrhinos*）有時也會出現。如同德州物種，其他角蜥也很難養，需要螞蟻佔大部分的飲食，甚至有經驗的老手購買角蜥前也應再三思考。

寵物合適度：5。儘管個人很愛這些線條崎嶇不平的小傢伙，仍得將德州角蜥評為僅適合老手的種類。只要愛好者持續提供小螞蟻餵食，德州角蜥就能活好幾年。然而，無止盡地提供小型無脊椎動物並不容易，幾乎所有人工飼養的德州角蜥，不到一年就因營養不良而死亡。熱與螞蟻才是努力成功的關鍵。此外，德州角蜥備受法律保護，購買時務必選擇人工繁殖的個體。無論任何情況，都不該在野外捕捉德州角蜥。其他角蜥物種同樣難養。

鞭尾蜥（*Cnemidophorus* spp.）

分布：間斷分布於整個美國至南美洲。

尺寸：可達18英吋（45.7公分）；然而，多數鞭尾蜥都偏小。也有更大型（30英吋〔76.2公分〕）鞭尾蜥的說法存在。

飲食：昆蟲，較大的鞭尾蜥會吃小型齧齒動物，而有些物種也會吃水果、鮮花及嫩芽。

壽命：物種間大有不同。一般小型物種的壽命超過五年，而更強健、大型的物種可能會超過十年。

飼育箱尺寸：鞭尾蜥飼育箱的變化型很多，依據飼養的物種與牠們原生的棲息地（例如：叢林或沙漠）。以這些變化型來說，有一項條件是永恆不變的：大量的水平空間。這些蜥蜴需要非常大的環境，因為牠們奔跑與狂衝的範圍要比其他蜥蜴來得大。請盡所能將鞭尾蜥養在盡可能大的飼育箱。

溫度：熱！這些蜥蜴需要110℉（43.3℃）的曝曬區，日間環境溫度達到90℉多（32.2～35℃）。一定要設置涼爽的休憩處讓蜥蜴調節體溫，這些區域應該在74～76℉（23.3～24.4℃）。

西部鞭尾蜥（*C. tigris*）有很多亞種，並且遍布愛達荷州至墨西哥與德州的大部分地區。

六線鞭尾蜥（*C. sexlineatus*）出現於草
原、開闊的林地及沙漠，因此能在沙漠、
熱帶莽原或乾燥的林地缸活得很好。

照明：每日10小時或以上的
全光譜照明。

描述：鞭尾蜥包含一大群鞭
尾蜥科的蜥蜴，鞭尾蜥科包
括南美洲的大型南美蜥。鞭
尾蜥的分布範圍從威斯康辛州和馬
里蘭州至阿根廷北部，種類繁多又
複雜，為牠們出一本專書輕而易舉。對我們而言，這種蜥蜴很大，肌肉
又發達，頭上有密集的板狀鱗，背部則有小小的板狀鱗。許多物種的身
體側邊則有少量、猶如天鵝絨般的迷你鱗片，而腹部則再度由厚鱗片所
覆蓋。

其口鼻部形成銳利的尖端，眼睛很大，顯示牠們主要使用視力抓住獵
物。足部的邊緣時常有突起，提供牠們奔跑時額外的摩擦力。又長又硬
的尾巴讓牠們加速時保持平衡。鞭尾蜥可完全以後腿直立奔跑，且速度
超過時速15英哩（24.1公里），由於特別適應於高速移動，因此這些蜥蜴
極度神經質。這種容易緊張的傾向，使鞭尾蜥成為一群只可遠觀兼裝飾
用的蜥蜴。多數鞭尾蜥會在粗心的飼主身上留下疼痛、見血的咬傷。

寵物合適度：3。鞭尾蜥漂亮又不貴，很可惜卻是不太好的寵物。進口
的鞭尾蜥常常帶有大量寄生蟲，必須由醫術精湛的獸醫治療。有些物種
比較強壯，但牠們仍需要熱、照明與空間。

熱帶莽原物種

熱帶莽原款式的飼育箱是模仿沙漠與森林、乾草原或草原之間邊界
地帶的生態圈。從非洲塵土飛揚的曠野，到美國中西部的產糧地區，熱
帶莽原幾乎存在於世界各地。熱帶莽原雖然乾燥，卻比它們略為無生氣
的表親，沙漠，擁有更多植被。一如沙漠，熱帶莽原供養的爬蟲類物種
比一般觀測員所料想的更多。由於熱帶莽原是棲息地上較乾燥與較濕潤

區域的交會點，因此談到相對濕度的需求時，大多數來自這些區域的物種會比較強壯且有彈性。這並非在維持飼養環境上馬虎的藉口，而是在熱帶莽原生活的物種比較能「原諒」飼養上的缺失，因此很多很棒的「初級」蜥蜴來自世界的熱帶莽原。

美洲蜥蜴（*Ameiva ameiva*）

分布：中美洲，被引進至佛羅里達州的邁阿密戴德郡。

尺寸：純屬臆測；該物種超過36英吋（91.4公分）的報告持續浮現，不過許多愛好者聲稱成蜥的最大尺寸為24英吋（61公分）。

飲食：昆蟲與小型脊椎動物，包括齧齒類動物和剛長羽毛的小鳥。

壽命：可能超過八年。

飼育箱尺寸：愈大愈好。一如牠們的親戚鞭尾蜥，所有的美洲蜥蜴都需要寬敞的飼養空間。特別訂製或戶外飼養空間尤佳。

溫度：環境溫度為80～83℉（26.7～28.3℃），配上多個105～110℉（40.6～43.3℃）的曝曬區。夜間溫度不應低於74～76℉（23.3～24.4℃），因為這個熱帶物種需要溫暖。

照明：每日12～14小時的全光譜照明。同時也強烈推薦未過濾的自然陽光。

美洲蜥蜴在飼養時需要悉心照料，牠們需要非常大的飼養空間、強烈的照明，以及豐盛的食物。

描述：鞭尾蜥科較大型的成員。美洲蜥蜴悄悄跟蹤進入哺乳動物的地洞時，高度鍛鍊的感官就是為了幫助牠在黑暗中捕食獵物而設（敏銳的感官讓這種蜥蜴在人工飼養時，非常神經質且容易受驚嚇）。體色為棕褐色至棕色，帶有翠綠與海藍的光點，特別集中在尾巴與後腿部分。頭部很

長，尖形鼻則用來尋找躲在洞裡的獵物。大量緊密的鱗片，猶如板甲般覆蓋蜥蜴的身體。眼睛與耳部開口非常大，是這種蜥蜴仰賴敏銳感官的證明。美洲蜥蜴全速奔跑時，移動速度迅速得驚人，同時也是攀爬好手，讓牠身處低矮的樹枝猶如在地面一般。時常做日光浴，而且會挖很深的地洞。

寵物合適度：5。美洲蜥蜴都是進口的（即便有人工繁殖，也是寥寥無幾），而且挾帶大量內寄生蟲，所以牠們一進入寵物市場，死亡率難以置信地高。只有最熟練的蜥蜴飼主才能嘗試飼養這種美麗卻脆弱，且難以滿足的動物。

犰狳蜥（*Cordylus* spp.）

分布：非洲南部。

尺寸：大型成蜥很少超過8英吋（20.3公分）。

飲食：各種無脊椎動物。人工飼養時，撒上營養補充品的蟋蟀，以及腸道負載的麵包蟲是絕佳的主食。

壽命：可能超過15年。

飼育箱尺寸：最小15加侖（56.8公升）。由於這種蜥蜴天生在群居生活

中成長較佳，因此把三到五隻蜥蜴養在30加侖（113.6公升）或更大的飼育箱是最好的。犰狳蜥在沙漠或熱帶莽原環境就會心滿意足。

溫度：日間環境溫度80～

犰狳蜥的數個物種（圖為 *C. cataphractus*）在受到威脅時會捲成一顆球。

在繁殖期間，雄性寬頭石龍子的頭部會呈現橘紅色。

86℉（26.7～29.4℃）、曝曬區達到95℉（35℃）是最棒的。牠們能忍受並且可能喜歡較大的夜間溫差。

照明：8～12小時的全光譜照明。

描述：可能是寵物市場中最小的環尾蜥，犰狳蜥的側邊、四肢及背部，皆穿著厚實的脊狀鱗所組成的板甲外皮，沿著尾巴甚至有更多厚重的裝甲鱗片。瘦骨嶙峋的頭也同樣有裝甲包覆。側面體色為紅棕至鐵鏽色，配上肛門上的白色至奶油色。有一些個體是進口的，少數為人工繁殖。

犰狳蜥有兩種防禦策略以逃離成為獵物的命運，第一是將自己擠入狹窄的縫隙，吸進大量空氣讓身體「膨脹」，掠食者就無法將牠從隱匿處強拉出來。第二個防禦策略，蜥蜴世界獨有的做法，把自己捲成一顆球並緊咬住尾巴，如此一來牠就變成看來無法食用的尖刺球。群居的天性讓犰狳蜥住的地方緊鄰同類。

寵物合適度：1。這些外型嶙峋的小小爬蟲類強壯、長壽且怪得可愛，也很容易照顧，人工飼養時少有絕食的情況。卵胎生動物，是新手或年輕愛好者絕佳的選擇，也能給予較有經驗的高階飼主獨特的培育經驗。我竭誠向任何蜥蜴狂熱份子推薦犰狳蜥。

寬頭石龍子（*Eumeces laticeps*）

分布：可見於美國東南部與中西部。

尺寸：可達12.5英吋（31.8公分）。

飲食：昆蟲，可能偶爾會吃吃水果與蒲公英頂部。

壽命：十年或以上。

飼育箱尺寸：石龍子喜歡地面空間，因此成蜥的飼育箱尺寸建議至少要40加侖（151.4公升）。

溫度：環境溫度在80～83℉（26.7～28.3℃），配上100℉（37.8℃），較涼爽的休憩處是必備。

照明：每日10～12小時的全光譜照明。

描述：重量級體型的物種。成體的體色一律呈金色至古銅色，較年長的成體可能會轉為淡灰色。然而，這種原本外貌平淡的蜥蜴，頭部卻是火紅至橘紅色，使牠成為異常吸引人的物種。肌肉發達的下顎，延伸至頸部邊緣以外，讓頭部近似三角形。

雄性（上圖）與雌性（下圖）火焰石龍子。如果想成功飼養火焰石龍子，治療野生個體的寄生蟲問題極其重要。

亞成體則為黑色，上面有五到七條黃線一路沿黑色的身體與亮藍的尾巴而下。雄性的體型比雌性大，且有更明亮、寬闊的頭部，在繁殖季節（四月至七月）可能還會顯現格外鮮豔的體色。

　　寬頭石龍子喜歡飼育箱有很深的遮蔽處：數塊軟木樹皮、廣大的植被、黑暗的躲藏處等。死忠的日光浴愛好者，特別喜歡在清晨時曝曬，讓牠們曬紫外光燈泡絕對有益。受驚或忽然被拾起的石龍子會用力咬人！

寵物合適度：2。雖然不像某些物種適合當寵物，但這種石龍子很強壯且令人驚豔，可以成為很棒的展示型蜥蜴。在適應飼主與環境的景象和聲音後，牠的性情會變得較為友善柔和。

肥尾守宮（*Hemitheconyx caudicinctus*）

分布：非洲熱帶莽原與半乾燥氣候區。

尺寸：可達8英吋（20.3公分）。

飲食：昆蟲，每隔一餐須加入鈣與維生素D3補充品。

壽命：可能超過15～20年。

飼育箱尺寸：肥尾守宮是陸棲性守宮。讓成體住在15加侖（56.8公升）的飼育箱就已足夠，其他陸棲型守宮也同樣適用。飼育箱高度則無關緊要，但強烈建議要設置潮濕的躲藏區。

溫度：在飼育箱提供一端為75℉（23.9℃）、另一端為87～89℉（30.5～31℃）的溫度梯度。由於肥尾守宮的夜行生活型態，牠們絕少做長時間的日光浴。

照明：一天10～14小時。如果打算繁殖的話，光週期特別重要。紫外光雖然無必要（對任何夜行性為主的蜥蜴物種都不太需要），但最好使用一下。

描述：與廣受歡迎的豹紋守宮是近親，肥尾守宮為陸棲性、身材厚實且動作緩慢的動物，心情似乎隨時都很愉悅。肥尾守宮如同其他瞼虎科，擁有可開闔的眼瞼。體色非常多變，但所有個體皆身穿紫棕色至淡紅或紅棕色的斑點外皮，配上淡紫到紫色的斑點。選擇性育種已培育出許多顏色與花紋的變異，包括白化、白變及無紋。

只要別讓相互競爭的雄性太靠近對方，一小群肥尾守宮養在一起

另五隻熱帶莽原蜥

非洲絲絨守宮（*Homopholis fasciata*）
東方強棱蜥（*Sceloporus undulatus*）
傘蜥（*Chlamydosaurus kingii*）
南美針蜥（*Liolaemus* 物種）
絲絨守宮（*Oedura castelnaui*）

一對肥尾守宮。雄性的體型通常大於雌性，且頭部較寬。

不會有問題。由一隻雄性與好
幾隻雌性組成的群體最可行。
雄性與雌性的區別方式是，依
據肛門或泄殖腔前高達九個的
鼠蹊孔，以及較大頭部與整體
體型。

寵物合適度： 1。肥尾守宮為
出色的入門蜥蜴，推薦給任何
經驗程度的愛好者。這些蜥蜴
溫馴可愛，而且很強壯又長
壽。如同其豹紋守宮表親，牠

名稱繁多的石龍子

火焰石龍子屬於哪個屬尚
有爭議。有些權威人士將
牠視為 *Riopa* 屬，而非
Lygosoma 屬，並且牠偶爾會被列於
Mochlus 屬之下。飼主在查詢火焰石龍
子的額外資訊時，應該多加注意這點。

們似乎很享受被人取出箱外把玩，尤其是成體，不過有些個體會比一般
的豹紋守宮略為神經質。

火焰石龍子（*Lygosoma fernandi*）

分布： 熱帶非洲。

尺寸： 可達12英吋（30.5公分）。

飲食： 蛆與腸道負載的麵包蟲（與超級麵包蟲）是推薦的人工飼養餐
點。可能偶爾會吃吃水果、蒲公英頂端及罐頭狗食。

壽命： 十年或以上。

飼育箱尺寸： 大，至少要40加侖（151.4公升）飼育箱才能滿足成體，
55加侖（208.2公升）或更大會更好。務必在火焰石龍子的飼育箱放置
許多潮濕的躲藏處，因為這些動物需要使用潮濕與乾燥的環境。

溫度： 80〜83℉（26.7〜28.3℃）的環境，配上95℉（35℃）的曝曬
區。

照明： 8〜10小時的全光譜照明。

描述： 如名稱所示，這種石龍子的體色為橘色到金紅色，斑點一直延

伸至尾巴。身體兩側烈焰般的鮮紅斑點，被黑色、白色與金色鱗片所隔開。上顎與雙頰為紅色，下巴則是斑馬紋。亞成體的花紋比成體更加華麗。火焰石龍子喜歡在清晨與下午做日光浴，花費白晝時間在草叢翻找牠最喜歡的獵物：蛆。

　　打造火焰石龍子的飼育箱時的重要事項是，這些來自熱帶莽原與森林環境的蜥蜴，牠們從不離固定的水源太遠。大型水盆與潮濕的躲藏處是火焰石龍子飼育箱的必需品。最好把牠們當作森林中的蜥蜴，而非熱帶莽原的動物。應該要提供讓牠們能鑽洞的底材。

寵物合適度：3。在部分愛好者的經驗中，火焰石龍子也許是世界上完美融合力與美的物種，但有些人的飼養經驗卻沒那麼成功。就個人而言，我發現牠們在擬自然環境中的情況最好，例如生意盎然的生態缸或自然飼育箱。野生個體的火焰石龍子常被內寄生蟲侵襲，應盡快找醫術精湛的爬蟲類獸醫檢查。

大平原石龍子（*Eumeces obsoletus*）

分布：大量分布於美國西部與中西部，延伸至墨西哥北部。

尺寸：北美最大的石龍子，可能超過13英吋（33公分）長。

飲食：昆蟲。每隔一餐就在餐點撒上鈣補充品。可能也偶爾會吃水果和蒲公英頂部。如同其他大型石龍子，這個物種可能會吃罐頭狗食，成體喜愛偶爾吃吃粉紅乳鼠。

壽命：可能超過12年。

飼育箱尺寸：愈大愈好。因為這種體型龐大的石龍子喜愛在

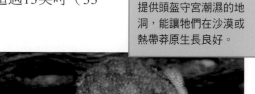

提供頭盔守宮潮濕的地洞，能讓牠們在沙漠或熱帶莽原生長良好。

廣闊的空間遊晃，所以不建議小於55加侖（208.2公升）的飼育箱。

溫度：日間溫度設在80～83℉（26.7～28.3℃），配上100℉（37.8℃）的曝曬區。夜間溫度最多降20℉（11℃）就好。

照明：建議10～12小時的全光譜照明。

描述：成體有淡黃色至金銅的底色，背部每枚鱗片的後半部邊緣都是深棕亮古銅色。這些大致對齊的深色邊緣，形成遍布背部並一路往下的斜紋。腹部與兩側皆為黃色至奶油色。亞成體為一片漆黑，下顎與兩側的斑點呈淡藍至白色。

身體呈魚雷形，閃閃發亮；頭部則呈楔形，配上發達的下顎肌肉。如果陷入危急或受到侵擾，這些石龍子會毫不遲疑地用力咬下去。喜歡在清晨與傍晚做日光浴。如同許多其他的石龍子，大平原石龍子在人工飼養時需要挖洞的機會。

寵物合適度：3。作為展示型石龍子，大平原石龍子至今難以被取代，但市場上有更多適合把玩的物種。若以適當條件飼養，大平原石龍子確實是強壯的寵物。牠很少絕食，在適應人工飼養環境上很少出問題。

頭盔守宮（*Tarentola chazaliae*）

分布：北非沿海。

尺寸：3.5英吋（8.9公分）。

飲食：小昆蟲。人工飼養的守宮愛吃兩週大的蟋蟀、小麵包蟲，以及擬步行蟲。

壽命：五年或以上皆不罕見。

飼育箱尺寸：飼養一對至少要10加侖（37.9公升），不過更建議15加侖（56.8公升）。

溫度：日間為85～94℉（29.4～34.4℃），配上更涼爽的休憩處。夜間溫度降至74～76℉（23.3～24.4℃）。

照明：建議用12～14小時的全光譜照明，即使這些守宮絕少做日光浴。

描述：頭盔守宮在守宮物種之中獨一無二，牠確實是非常小的物種。夜行性／黃昏性的頭盔守宮有著突出的小小鱗片，淡黃色的體色，上面佈滿白色與灰色的斑點，只要在沙地、岩石的背景靜止不動，真的就會從視線中消失。頭骨底部擴大的圓錐形鱗片為命名由來。

　　這隻守宮需要配有潮濕躲藏區的沙漠或熱帶莽原缸。建議偶爾對飼育箱噴霧，且飼主應確認頭盔守宮有順利蛻皮，這是本物種常遇到的問題。

寵物合適度：2。頭盔守宮是強壯、長壽的物種，在同類的群體中可以活得很好。對沙漠或熱帶莽原物種駕輕就熟的愛好者，在飼養一隻或多隻上應該不會有問題，不過新手應該另覓第一隻蜥蜴。

東南亞長尾草蜥（*Takydromus sexlineatus*）

分布：中國南部、東南亞、蘇門答臘。

尺寸：成體可能會長到14英吋（35.6公分）長，尾巴是身體的五倍長，但牠們一生都維持修長的體型。

飲食：主要為小蟋蟀與蚱蜢，人工飼養時可能也會吃小麵包蟲和蟑螂。每隔一餐就要撒補充品。

壽命：四年或以上皆不罕見。

飼育箱尺寸：東南亞長尾草蜥是活潑的動物，需要寬敞的環境。幸好牠們體型很小，所需的飼育箱也相對較

東南亞長尾草蜥的尾巴，有助牠在草堆的長莖間穿梭時保持平衡。

如同其他針蜥，瑰腹強棱蜥常棲息於高聳的石頭或柵欄柱，以隨時留意獵物與掠食者。

小，但對這些佯裝文靜的蜥蜴來說，仍舊夠「寬敞」。一或兩隻在20加侖（75.7公升）的飼育箱就能成長茁壯，更多蜥蜴則需要更大的飼育箱。牠們在有很多攀爬用樹枝的高飼育箱會表現最好。

溫度：環境溫度在77〜83℉（25.6〜28.3℃），曝曬點則為95℉（34.4〜35.6℃）。

照明：一天10〜12小時。建議使用全光譜照明，但並非強制。

描述：身為日間狩獵者的東南亞長尾草蜥，確實是非常修長的動物。牠的尾巴通常是身體其他部分的五倍長。在牠穿梭於野草頂端、高聳的草叢及竹林之間跟蹤時，長尾能替蜥蜴平均分散體重。儘管身體為棕色、古銅色的大地色調，背部、兩側與肛門有淡黃帶白的點綴，東南亞長尾草蜥是個意外俊俏的物種。

這種動物擁有敏銳的視力、聽力，以及非常長、如矛頭般的口鼻部，可用來劃開躲在草葉和雜草莖中的獵物。這種蜥蜴主要在清晨與傍晚活動，為了避開白天炙熱的暑氣，會尋找岩石裂縫或靜靜地躺在植被

深處。東南亞長尾草蜥在熱帶莽原或森林缸都能怡然自得。

寵物合適度：1。東南亞長尾草蜥是個人最愛的熱帶莽原物種之一，也是趣味、迷人與魅力的完美綜合體。由於這種蜥蜴脆弱的四肢和尾巴，因此僅供觀賞，但看似友善的性格仍可使牠們成為溫暖人心的爬蟲類。

鱷魚守宮（*Tarentola mauritanica*）

分布：以色列、歐洲南部及中東西部。

尺寸：大型成體可能會超過6英吋（15.2公分）。

飲食：昆蟲，人工飼養的飲食應該愈多元愈好。

壽命：七年或以上皆不罕見。

飼育箱尺寸：一隻成體可在15加侖（56.8公升）的飼育箱活得很好，不過本物種堅定的樹棲天性，使得飼育箱的高度遠比總地面空間來得更重要。在沙漠或熱帶莽原環境會生長良好。

溫度：77～86°F（25.6～29.4°C）。不需要曝曬燈。

照明：全光譜照明並非必要，不過用了也許有益。

描述：鱷魚守宮有顆扁平的頭，以及突出的下顎，使得頭部呈三角形。淡灰近乎白色的身體被直排的小瘤和粒狀鱗所覆蓋，沿著尾巴生長的鱗片如尖刺般長而細。如同多數其他守宮，鱷魚守宮的腳趾非常寬且具有黏性，讓牠能緊緊附著在幾乎各種平面上。只有第三和第四趾有迷你的爪子。瞳孔呈縱向，而虹膜呈網狀，這兩項環境適應功能暗示這種動物的夜行癖好。

這種蜥蜴在夜間狩獵昆蟲（尤其是在路燈與廣告看板附近），白天則是安穩地塞進鬆

將鱷魚守宮養在沙漠或熱帶莽原缸裡，可讓牠們成為非常強壯的寵物。

開的樹皮或岩石縫隙之中。激動時可能會吱吱叫或張著大嘴，以牠的體型來說咬得很大口。多隻雄性關在一起會爭鬥致死，雄性的辨別方式為肛門前面有擴張的鼠蹊孔。

寵物合適度：1。雖然不是市場上最適合把玩的寵物蜥蜴，但鱷魚守宮結實、粗壯，還有低調的美麗，可成為任何蜥蜴收藏的傑出新成員。

瑰腹強棱蜥（*Sceloporus variabilis*）

分布：德州最南端，往南穿越波多黎各。

尺寸：大型成體絕少達到6英吋（15.2公分）。

飲食：在野外時偏愛蚱蜢與蝗蟲，因此人工飼養時，腸道負載的蟋蟀是絕佳的替代品。提供各式各樣的昆蟲。

壽命：可能超過八年。

飼育箱尺寸：瑰腹強棱蜥喜愛垂直空間，也喜歡水平空間。30～36加侖（113.6～136.3公升）的飼育箱是很好的選擇。

溫度：84～86℉（28.9～30℃）的環境，配上低於100℉（37.8℃）的曝曬區。夜間溫度降至70～73℉（21.1～22.7℃）是可接受的。

照明：建議用10～12小時的全光譜照明。

描述：瑰腹強棱蜥是針蜥屬另一個較強壯的成員，為體型小、粗鱗的蜥蜴，俗名取自沿著兩側與腹部的粉色至玫瑰色斑點。這些斑點有深藍色的鑲邊，前肢後面通常有一塊明顯的藍色斑點。背部體色為淡棕至淡

擁有不同色彩的蜥蜴

本書會讓許多讀者馬上注意到的第一件事，就是缺乏變色龍的相關資訊。這並非疏忽，簡單來說，變色龍是多變且迷人的爬蟲類群，可提及之處多不勝數。牠們在人工飼養時需要非常特殊的飲食、供水與通風設備。總而言之，變色龍絕對需要一本專書介紹牠們，而且最好留給最有經驗的愛好者。

綠，背部外側還有一條模糊的條紋。

　　高度樹棲性的瑰腹強棱蜥，花費大部分時間於棲息在柵欄柱或樹木上的一側，或牧豆樹叢上。

寵物合適度：1。瑰腹強棱蜥為針蜥屬物種最強壯的成員之一，對人工飼養適應良好。

橙點石龍子（*Eumeces schneideri schneideri*）

分布：非洲北部。其他亞種進入中東與中亞。

尺寸：達12英吋（30.5公分）。

飲食：昆蟲。成體可能偶爾也會吃粉紅乳鼠。或許會接受罐頭蜥蜴食品、蔬菜與水果。

壽命：推測有超過15年。

飼育箱尺寸：55加侖（208.2公升）適合一隻或多隻成體。需要乾燥的飼育箱，配上潮濕的躲藏處。

有些石龍子於人工飼養時會吃罐頭貓狗食，橙點石龍子為其中之一。

溫度：日間溫度83～86°F（28.3～30℃），配上100°F（37.8℃）的熱點。涼爽的洞穴有其必要，而夜間溫度可以降至60°F出頭（15.6～17.2℃）。

照明：10～12小時的全光譜照明。

描述：橙點石龍子為健壯、強而有力，且帶點攻擊性的蜥蜴，石板色至銀灰色的底色，腹部表面則為淡黃色至奶油色。背上佈滿不連續的亮橘色痕紋，側面中間有橘線點綴，橘色的斑點也遍布腿部。最俊俏的個體則為深灰底色上，佈滿近乎紅色的斑點。*Eumeces schneideri algeriensis* 是色彩最斑斕且最容易入手的亞種之一。

　　這些蜥蜴是日間出沒的狩獵者，牠們能追擊獵物，也能從縫隙與鬆散的落葉叢中找出獵物。如果陷入絕境或受到威脅，橙點石龍子會咬人！

寵物合適度：1。儘管有些愛好者聲稱橙點石龍子帶有部分攻擊性，但

我並沒有發現這種情況。這些石龍子是充滿好奇心的動物，常常靠近飼育箱的玻璃接受餵食，或者被拿出把玩。

這些強悍的蜥蜴結實且強壯，美麗得驚人，在人工飼養時很長壽。幾乎所有的橙點石龍子都是野生個體，因此要立即做檢查以免感染內寄生蟲。

森林物種

當我聽到「林地」，本能反應就是想起家鄉喬治亞州北部的阿帕契山脈，長滿蕨類的小溪邊，以及被月桂樹覆蓋的山坡。然而，「林地」更偏向生物聚落，而不只是我家附近的山丘峽谷。非洲有許多非熱帶的闊葉林，如同亞洲與歐洲很多地區。這些森林地區幾乎全部都滋養著不同物種，卻生活在類似條件的蜥蜴。

飼主須了解世界上森林地區的共同特質為厚實肥沃的土壤、濃密

神秘的 *Mabuya*

Mabuya 屬的命名法和物種形成，或許是目前整個寵物爬蟲界最古怪、混亂且令人困惑的。收藏家給了進口商錯誤的名稱，進口商則猜測他們運給批發商的東西是什麼，批發商不知道這些石龍子從哪個地區而來，因此他們以最佳的猜測名稱賣給寵物店，然後寵物店在飼育箱上貼個朗朗上口的名字賣給愛好者。愛好者進入這個販賣方程式時，根本無法得知賣掉的是哪個物種。火上加油的是，許多 *Mabuya* 屬長得極其相似。

幸運的是，這些物種的飼養條件大致能滿足寵物市場上的多數物種，而且許多是身強體健的動物。如果買到這些神秘的石龍子，積極觀察牠以便判斷提供的飼養條件是否正確。總而言之，這些對新手或稍有經驗的愛好者來說，都是非常棒的寵物蜥蜴。

的地表植被，以及比沙漠或熱帶莽原生態系統更茂盛的植物。土壤一般被落葉所覆蓋。將林地缸的相對濕度保持在50%以上，那麼照顧在此生長的蜥蜴就不會出太多問題。

許多不同的 *Mabuya* 屬物種是從非洲進口，全都像得令人一頭霧水。有兩種被確認為 *M. perrotetii* 與 *M. elegans*。注意 *M. elegans* 分叉的尾巴，顯示該條尾巴曾經斷掉過又再生。

非洲林地石龍子（*Mabuya* spp.）

分布：廣泛並零碎分布於整個非洲、亞洲及熱帶美洲。藉由運輸與寵物業的脫逃與棄養而引進至新的地區。在愛好者圈流通的大多來自熱帶非洲。

尺寸：依討論的物種而定，有些可能達到12英吋（35公分），但大部分較小。

飲食：昆蟲。有些物種可能會吃甜的水果和其他蔬菜。

壽命：平均五年。

飼育箱尺寸：按照飼養的物種尺寸，飼育箱尺寸也有所差異。這些石龍子不是東奔西跑或過於活潑的動物，因此牠們不需要昂貴的裝備。15加侖（56.8公升）的飼育箱可能對單隻或體型小的一對石龍子就已足夠，而一小群石龍子就需要較大的飼育箱。

溫度：依討論物種的確切產地而定。環境的建議溫度為80～83℉（26.7～28.3℃），配上100℉（37.8℃）的曝曬區，夜晚則落在70～

73℉（21～22.8℃）。

照明：8～12小時的全光譜照明。

描述：變化很大，不過大抵擁有魚雷型的身體，以及退化的四肢、尖挺的鼻子與緊密覆蓋的小鱗片。多數物種的眼睛也已退化，畢竟牠們的地底生活型態只需要基本視力。體色範圍從 *M. striata* 的純黑配上白色的背部條紋與兩側斑點，到 *M. perroteti* 的棕褐色配上紅色的側邊及藍綠色斑點。所有物種都是日光浴愛好者，牠們一大早從石頭或木頭的隱蔽處冒出來，在啟程狩獵前做一下日光浴。所有物種都會喝水窪裡不流動的水，以及舔食水滴。許多物種從獵物就能得到足夠的水分，不過仍須隨時提供飲水給你的寵物。

　　大部分 *Mabuya* 屬物種可和同種養在一起，一些最普遍的物種，包括 *M. striata*、*M. quinequecarinat*、*M. spilogaster*、*M. perroteti*。如果養到一隻來源不明的石龍子，仔細觀察牠的行為，若牠的表現情況不佳就要調整飼養方式。

寵物合適度：2。總而言之，這些是強壯又迷人的爬蟲類，能成為新手的絕佳寵物。

比邦守宮（*Pachydactylus bibronii*）

分布：非洲南部。

尺寸：可達6英吋（15.2公分），異常大型的可能會到9英吋（22.9公分）。

飲食：昆蟲。

壽命：通常超過五年。

飼育箱尺寸：如同其他夜行性守宮，就飼育箱尺寸而言，比邦的需求很少，10加侖（37.9公升）就已足夠。牠只需要一或兩個躲藏的垂直休憩處，因為這種樹棲性動物會

雄性變色蜥的下巴有可伸縮的肉垂，會在地盤與交配時展示。沙氏變色蜥的肉垂通常為橘紅色。

利用飼育箱玻璃的整個垂直平面區域。

溫度：環境在70～86℉（26.7～30℃），可忍受較低的夜間溫度。

照明：不需特殊照明。

描述：比邦守宮是體型小又有低調美的蜥蜴，身著粒狀細鱗與肉狀突起的外皮，體色為灰色至古銅色，背上有延伸至尾巴的斑紋，特別俊俏的個體在腿部與背部之間可能會有桃紅色澤。如同大部分的守宮，透過懷孕雌性的腹部皮膚就能看到蛋。

雌性綠變色蜥在夏威夷的蕨類植物上做日光浴。綠變色蜥偶然被引進至夏威夷，現今在該處蓬勃成長。

寵物合適度：1。雖然不適合把玩（少數樹棲性守宮適合），但比邦是健壯堅忍的動物，可以成為很棒的樹棲性守宮入門。

沙氏變色蜥（*Anolis sagrei*）

分布：加勒比海島原生種，被引進至佛羅里達州南部與東部。

尺寸：可能達到8.5英吋（21.6公分）或稍大。

飲食：昆蟲。富變化的人工飼養飲食，每隔一餐就給予補充品。同時使用水盆與水滴供水，或每天在飼育箱的壁上噴霧，因為這種蜥蜴喜愛舔食葉子與環境的小水珠。

壽命：五至八年。

飼育箱尺寸：正如所有三百個已知的變色蜥物種，沙氏變色蜥偏愛垂直攀爬空間，多過橫向或水平空間。高飼育箱為必備。單隻可以在10加侖（37.9公升）的飼育箱成長茁壯，三隻或更多的群體則需要每隻約10加侖（37.9公升）的房間，因此三隻蜥蜴群會需要30加侖（113.6公升）的飼育箱。

溫度：日間環境在80～83℉（26.7～28.3℃），配上95℉（35℃）的熱

點。較涼爽的陰涼休憩處是必備。

照明：10～12小時的全光譜螢光燈。

描述：沙氏變色蜥的背部外皮呈棕色至灰色，沿著背部與兩側則有略白至奶油黃的斑點。背部中間也有灰白鋸齒狀的條紋。由於亞種很多，因此花紋與顏色有所差異。雄性頸部的扇形物（或肉垂）——變色蜥常見的特徵——為黃色至橘色，帶有珠子般的黑色突起。頭部則呈楔形。

　　一如其他變色蜥，沙氏變色蜥也是日行性。這隻蜥蜴強壯且有低調之美，在小型群體中表現良好且很少絕食。除非使用非常大的飼育箱，否則一個飼育箱只可放一隻雄性。這種適應力強的蜥蜴通常在雨林或熱帶莽原環境生長良好。

　　其他美麗誘人的變色蜥與沙氏變色蜥的飼養方式差不多，包括*A. distichus*、*A. cybotes*、*Anolis cristatellus*。

寵物合適度：2。如同其他變色蜥，沙氏變色蜥很強壯，由於體型很小且價格不高，因此飼主常會疏於照顧。再者，因體型小，在某些地區要尋找尺寸適合的飼料昆蟲可能會是挑戰。一般來說，兩週大的蟋蟀和類似尺寸的昆蟲是可接受的。雖然不是最「適合把玩」的蜥蜴物種（體型小且神經質），但沙氏變色蜥確實能成為新手絕佳的寵物。

綠變色蜥（*Anolis carolinensis*）

雌性蝎虎，肉眼可見其下腹部發育中的蛋。

分布：廣泛分布於整個美國南部，被引進至日本與其他太平洋島嶼。

尺寸：5～8英吋（12.7～20.3公分）。

飲食：小昆蟲。同時使用水盆與水滴供水，或每天在飼育箱的壁上噴霧，因為這種蜥蜴喜愛舔食葉子與環境的小水珠。每隔一餐就給予補充品。

壽命：可能超過五年。

飼育箱尺寸：死忠的樹棲性，綠變色蜥偏愛垂直空間，大於水平空間，因此高的飼育箱比寬的還重要。30加侖（113.6公升）的飼育箱很適合用來飼養一小群綠變色蜥，然而一或兩隻用10加侖（37.8公升）的就行了。

溫度：環境在75℉（23.3～25℃），配上95℉（34.4～35.6℃）的曝曬區。

照明：8～10小時的全光譜螢光燈。

描述：綠變色蜥為北美最小的鬣蜥之一，高度樹棲性，擁有尖頭長尾、普通黏度的腳趾（結合小小的爪子），以及有限的變色能力──蒼白至翠綠、棕色、灰色。

　　雄性與雌性皆有淡紅至粉色的肉垂，但雄性的肉垂大很多。向雌性求偶或與雄性對手競爭時，雄性綠變色蜥會在樹木的一側或其他樹木棲息處，快速點頭或做「伏地挺身」，並展開牠的肉垂，有時一次會讓肉垂直挺挺數秒。

好多變色蜥

綠變色蜥一直是、也繼續會是寵物市場的主角。目前綠變色蜥還有好幾位親戚作陪，一般人都能入手形形色色的變色蜥。光是加勒比海島就超過一百種變色蜥，許多物種在鄰近的店家就能看到，而其他如 *Anolis smallwoodi*，大概僅能透過特殊賣家才可入手。甚至有為數眾多的愛好者（大多在歐洲）培育稀奇古怪的變色蜥物種。如果住在對的地理區域，或準備去一趟佛羅里達州南部，甚至有機會從野外捕捉變色蜥。務必在事前查閱所有州法和當地法律，確保在捕捉蜥蜴時沒犯任何法。無論喜歡哪個物種，以及準備用何種途徑取得，某處絕對會有一隻適合大家的變色蜥！

　　綠變色蜥是白晝出沒的狩獵者，擁有敏銳的視力，時常為了猛撲獵物，從樹枝間或樹枝到地面之間做大距離跳躍。牠們有能力捕捉有翅膀的飛行昆蟲。

寵物合適度：2。請查閱沙氏變色蜥的評論，因為在這裡也適用。一小群綠變色蜥（或包括好幾個變色蜥物種的混合群體）在充滿生機的生態缸茁壯成長，會是個令人嘆為觀止的展示型飼育箱。

顯而易見

關於日行守宮有很多需要闡述，像這樣用小區塊討論牠們，無法充分涵蓋一般愛好者成功飼養與維護牠們所需知道的事。現今有 25 個物種以某些規律性出現於寵物市場，不難看出這些小蜥蜴值得用一整本書討論的原因。如果對這些蜥蜴有興趣，建議在該主題上儘量多加研究。

蝎虎（*Hemidactylus* spp.）

分布：亞洲南部與環太平洋原生種，被廣泛引進至整個佛羅里達、加勒比海與其他地區。

尺寸：可達5英吋（12.7公分）。

飲食：小昆蟲。黃昏時噴霧在飼育箱壁上。

壽命：四年或稍長。

飼育箱尺寸：這種蜥蜴可能一生都在一棵樹的樹皮來回，或一片石牆的角落與縫隙中狩獵。提供牠們大量的垂直物體，10加侖（37.9公升）飼養三隻以下的守宮成效不錯。蝎虎在雨林缸也能過得很好。

溫度：環境在85°F（28.9～30℃）。

照明：不需特殊照明。

描述：體型小、跑得快，且對周遭環境變化很敏銳，蝎虎很難在小睡時被掠食者抓到。可惜牠的主要防線是仰賴偽裝自衛，完全紋風不動，希望不會被發現。一整天都躲在建築物牆壁的裂縫或鬆動的樹皮下，直到黃昏才出來狩獵昆蟲。被侵擾或戰鬥時，會發出人耳可聽到的嘎嘎叫聲或「吠叫」。這個屬有好幾個物種沒有交配行為，如此高階的生命體絕少出現這種奇特的適應能力，有些物種會進化成無性生殖，每年下一或兩顆蛋。

寵物合適度：2。通常被當作牛奶蛇和其他食蜥爬蟲類的飼料，蝎虎一般來說非常便宜，因此一小群這些夜行性狩獵者幾乎在所有愛好者的財力範圍內。由於牠們體型小又不貴，跟變色蜥同樣會遇到飼主疏於照顧的情形。

雨林物種

　　將森林生態聚落的濕氣與遮陽棚帶到另一境界，得到的會是叢林和雨林棲息地。世界上的熱帶雨林款待了似乎數不清的爬蟲類與兩棲類。許多來自雨林的食蟲蜥流進了寵物市場，很多是非常特殊的蜥蜴，所以很難養。以下為一小部分進到寵物市場且沒那麼難養的物種。

中國水龍（*Physignathus cocincinus*）

分布：東南亞。

尺寸：可達36英吋（91.4公分），不過尾巴佔了大部分。

飲食：昆蟲、小型哺乳動物、水果及花朵。人工飼養時需要固定提供維生素和鈣質補充品。

壽命：十年或以上很常見。

飼育箱尺寸：大型，這種動物應該要有足夠的空間完全伸展身體和攀爬。75加侖（283.9公升）是成蜥用飼育箱的最低尺寸，訂製飼育箱則是最保險的方法。

溫度：環境在77～79℉（25～26.1℃），配上94～96℉（34.4～35.6℃）的曝曬區。

照明：10～12小時的全光譜照明。

描述：中國水龍是大型飛蜥科蜥蜴，擁有名副

金粉守宮（*P. laticauda*）為小型日守宮中最常見且最強壯的。

另五種森林蜥

鱷蜥（*Elgaria* 物種）

翠綠蜥（*Lacerta viridis*）

豹貓守宮（*Paroedura pictus*）

五線石龍子（*Eumeces fasciatus*）

珠寶蜥（*Lacerta lepida*）

其實的外表。牠長得非常像龍，其身穿布滿細鱗的翠綠色外皮，頭顱、背部和尾巴有棘，在特別俊俏的個體，棘會長得很高，上面還有一排薄又多刺的鱗片。下顎裝飾著白色至藍綠色的大型圓錐鱗片。俗名也非常相稱，源於這種蜥蜴來自亞洲，且幾乎隨時住在水邊或水裡。

必須讓中國水龍住在大型飼育箱（在狹窄的飼育箱中，這些蜥蜴習慣靠著飼育箱的紗網或玻璃磨擦鼻子，甚至磨掉鼻子），並放置寬闊的水盆讓牠們浸泡及飲水。牠們也喜歡攀爬，因此飼育箱的高度也很重要。

寵物合適度：3。中國水龍是寵物店最常見的動物之一，愛好者常因一時興起而買下，並未完全了解本蜥蜴的尺寸或飲水需求。

日守宮（*Phelsuma* spp.）

分布：馬達加斯加、非洲大陸，被引進至夏威夷與其他亞熱帶地區。

尺寸：物種間有所差異，從2英吋至超過14英吋（5～35.6公分）。

飲食：昆蟲、水果、花蜜、花粉。杏仁嬰兒食品混合蜂蜜與維生素／鈣的一餐，能成為絕佳的花蜜替代品。有高鈣的需求。

體色與不規則的皮膚皺褶，讓飛蹼守宮在樹皮休息時有絕佳的保護色。

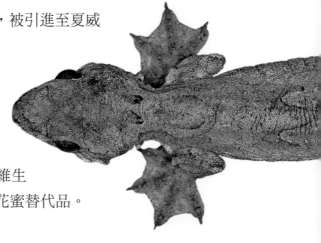

命在旦夕

有些雨林蜥蜴的成員可能永遠不該被人飼養。無論是這些動物太脆弱而不適合人工飼養，在野外也日益稀少，或是牠們在進口過程中吃盡苦頭。部分包括下列各屬的蜥蜴：*Polychrus* 屬（左圖為 *P. marmoratus*）、*Laemanctus* 屬，以及 *Corytophanes* 屬（盔頭鬣蜥或森林變色龍）。這些動物過度脆弱，無論愛好者的經驗程度，牠們絕少能在家用飼育箱存活。

壽命：十年或以上，依物種而定。較大的物種通常活得比較小的物種久很多。

飼育箱尺寸：依討論的物種尺寸而有不同。所有飼育箱應為垂直取向，加上許多垂直躲藏處（舉例來說，將軟木樹皮塊黏在飼育箱內壁非常有用）。

溫度：環境在77～83℉（25～28℃）。達到90℉（32.2℃）的曝曬區。夜間溫度降至67～69℉（19.4～20.6 ℃）是可接受的。

照明：每天12～14小時的全光譜照明。

描述：活生生的色彩拼貼，這些鮮豔、溫和的爬蟲類整天都曬著熱帶陽光、大口嚼著昆蟲，以及舔食熱帶植物的花蜜與花粉。確切的體色依討論的物種與年齡而有所不同；幼體往往與父母完全不像。在愛好者圈內的多數物種為螢光綠，配上亮紅、橘色或藍綠色的斑點。

　　這些蜥蜴是堅定的樹棲性，且地盤意識極強，常會在最愛的樹上用經典的低頭姿勢曬太陽以標明地盤。牠們可能會在注意地盤競爭者的同時，做日光浴、跟蹤獵物及尋找伴侶。

另五種雨林蜥

澳洲水龍（*Physignathus lesueurii*）
睫角守宮（*Rhacodactylus ciliatus*）
變色樹蜥（*Calotes* 物種）
史密斯綠眼守宮（*Gekko smithii*）
帝汶巨蜥（*Varanus timorensis*）

寵物合適度：2～4，依物種而異。舉例來說，馬達加斯加巨型日守宮（*P. madagascariensis grandis*）是迷人長壽的動物，我會將牠評為2，而霓虹守宮（*P. klemmeri*）較有挑戰性，可能就要評為4。普通的小型物種，如金粉守宮（*P. laticauda*）與腰紋守宮（*P. lineata*），則落在中間被評為3，主要是因為牠們體型小，需要飼主餵食牠們小型昆蟲。目前有超過25個物種出現於美國寵物市場，在購買前務必對想要的確切物種做好功課。

飛蹼守宮（*Ptyochozoon* spp.）

分布：東南亞。

尺寸：可達7英吋（17.8公分）。

飲食：昆蟲。

壽命：可能超過十年。

飼育箱尺寸：小型至中型，強調垂直高度與攀爬用樹枝，10加侖（37.9公升）飼育箱或更大就已足夠。

溫度：77～83°F（25～28℃）的環境，不需要曝曬區。

照明：不需特殊照明。

描述：若這種蜥蜴真要以牠在樹林間的空中滑翔能力命名，應該稱為滑翔守宮，畢竟牠並非真的會飛。陷入絕境或追蹤獵物時，飛蹼守宮會一頭躍進空中，伸展四肢與側面的皮膜，滑翔到附近樹上稍低的棲息處。如果想目睹這一幕，就需要大型的飼育箱。飛蹼守宮身披高度偽裝的大理石白、灰、黑及奶油底色，讓大部分日間掠食者無法察覺。在休息時，滑翔用的皮膜也能扭曲這種動物的輪廓，授予牠更進一步的偽裝。

只要取得的為健康的翠蜥，牠們是很強壯又長壽的蜥蜴。

發出警報或繁殖亢奮時，可能會叫或發出聲音。

飛蹼守宮分為數個物種，外觀上卻相似得令人疑惑，在愛好者圈最常見的是*P. lionotum*與*P. kuhli.*。所有物種的照護方式都相同，因此飼養的是哪個物種並不重要。

寵物合適度：1。只要餵食飛蹼守宮有適當加入補充品的食物，每日在飼育箱微量噴一兩次霧（或根據需求），並且替牠們保暖，就能在往後數年一直看牠們在飼育箱漫遊、跳躍、滑翔，以及用有點搞笑的方式狩獵。有興趣增加樹棲夜行性守宮經驗值的話，這種蜥蜴是好選擇。

翠蜥（*Lamprolepis smaragdina*）

分布：亞洲東南部、環太平洋。

尺寸：大型個體可能超過13英吋（33公分），不過尾巴佔了大部分。

飲食：昆蟲，特別喜愛樹棲甲蟲與蛆。

壽命：確切的壽命不明。個人曾養過一隻八年三個月，且飼養時已經是年齡不明的成體。

飼育箱尺寸：雖然翠蜥是小型蜥蜴，但牠們需要大量的活動空間，應該提供牠們垂直取向的飼育箱，附上粗厚的攀爬用樹枝與突出物。以個人經驗來說，29加侖（109.8公升）或更大的飼育箱效果極佳。

溫度：身為熱帶太平洋的原生種，翠蜥喜歡80～83℉（26.7～28.3℃）的環境溫度，夜晚則降至70～73℉（21.1～22.8℃）。

照明：每日8～10小時的全光譜照明。

描述：驚人的多彩蜥蜴。翠蜥擁有光滑閃亮的外皮，上面猶如拋光翡翠

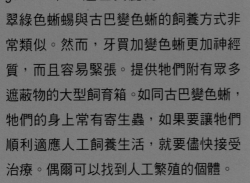

牙買加來的龐然大物

寵物市場上偶爾會有進口的牙買加變色蜥（*Anolis garmani*）。這些美麗的翠綠色蜥蜴與古巴變色蜥的飼養方式非常類似。然而，牙買加變色蜥更加神經質，而且容易緊張。提供牠們附有眾多遮蔽物的大型飼育箱。如同古巴變色蜥，牠們的身上常有寄生蟲，如果要讓牠們順利適應人工飼養生活，就要儘快接受治療。偶爾可以找到人工繁殖的個體。

薄片般的鱗片，這個特點為牠贏得翡翠石龍子（emerald skink）的綽號。體型苗條且側面扁長，將這些特點與特別長的手指、迷你卻鋒利的爪子，以及半卷纏的尾巴聯繫起來，不難看出這種蜥蜴在樹梢怡然自得的原因。眼睛大而黑，且視覺特別敏銳。頭部逐漸變細成茅尖狀口鼻，翠蜥會用來撥弄鬆動的樹皮，尋找蛆、螞蟻與其他躲起來的昆蟲。雄性的體色通常比雌性還要綠（雌性一般為淡棕色或橄欖綠），且如果養在一起可能會變得有地盤意識。這些蜥蜴會從常設水池或噴在葉子上的水珠飲水。保持中等程度的相對濕度。

寵物合適度：2。這種石龍子華麗又獨特，很容易就成為展示等級的寵物，但牠是我所知最不適合把玩的物種之一。即使稍微把玩一下，牠會扭動、彎曲、轉身、咬下去，甚至排便在把玩者手上。然而，個體會從飼主的手指上吃獵物，且當飼主進到房間時，牠們也會接近飼育箱玻璃。牠們只是不喜歡被觸摸。

古巴變色蜥（*Anolis equestris*）

分布：古巴原生種，但1960年代晚期後，在佛羅里達南部蓬勃生長。

尺寸：可達18英吋（45.7公分）。

飲食：昆蟲、小型脊椎動物。大型成蜥有襲擊鳥巢掠奪新生雛鳥的紀錄。每日除了用噴霧器噴飼育箱，也要提供水盆。

壽命：可能超過七年。

飼育箱尺寸：55加侖（208.2公升）的飼育箱或更大，垂直取向。這種蜥蜴是死忠的樹棲性，需要愈多垂直空間愈好。

溫度：環境在77～80℉（25～28℃），建議曝曬區至90～93℉（34.4～35.6℃）。

照明：每日10～12小時的全光譜照明。

描述：古巴變色蜥是所有已知的變色蜥中體型最大者之一，確實是令人印象深刻的爬蟲類巨無霸。頭部也相對是所有變色蜥中最大的（頭部有發達的下顎肌肉），在其分布的多數地區是充滿優勢的樹棲性蜥蜴掠食者。

　　古巴變色蜥的基本體色（注意，這種蜥蜴有中等的變色能力）為翡翠綠至橄欖綠至棕色或灰黃色，兩側的前肢後面有黃色至奶油色的記號。古巴變色蜥躲在熱帶林冠層時很難被發現。如果陷入絕境，這種蜥蜴會將側面對著攻擊者，擴大外觀的尺寸。然而，若虛張聲勢因攻擊者更加逼近而中斷，任何憤怒的古巴變色蜥會持續狂咬！

寵物合適度：2。如果能提供牠充足尺寸與裝備齊全的飼育箱（許多攀爬與躲藏的區域），以及足夠的熱，飼養古巴變色蜥應該不成問題。因

其他雙冠蜥

雙冠蜥不是同類中唯一出現在寵物市場的。棕雙冠蜥（*Basiliscus basiliscus*）也是中美洲原生種，引進至佛羅里達州南部，是體型較小，較不神經質的寵物。人工飼養時，能夠長到近乎 14 英吋（35.6 公分），如果照顧得好，棕雙冠蜥可以活到七年以上。飼養方式跟雙冠蜥相同。棕雙冠蜥穿著巧克力棕色的外皮，背部外側則有奶油色至古銅色的條紋。幼體身上的淡色記號特別明顯。如果你一定得養雙冠蜥當寵物，我推薦這個物種。牠們比雙冠蜥小，脾氣比較溫和（一般來說），在家用飼育箱中算是體格較強壯的。

為其性格喜怒無常，所以我不建議新手飼養。大部分
為野生個體，必須儘快治療內寄生蟲。

雙冠蜥（*Basiliscus plumifrons*）

分布：瓜地馬拉至波多黎各。

尺寸：可達30英吋（76.2公分）。

飲食：昆蟲、小型爬蟲類及齧齒類。有些個體可
能會吃魚。

壽命：12年或以上。

飼育箱尺寸：愈大愈好。雙冠蜥相當大，而且非
常活潑，如果希望牠們成長茁壯，飼育箱
裡需要大量的垂直粗枝、攀爬用樹枝，
以及大型水池。充足的遮蔽處也是必要
的，以便替這些容易神經兮兮的爬蟲類消弭不
安。

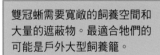

雙冠蜥需要寬敞的飼養空間和
大量的遮蔽物。最適合牠們的
可能是戶外大型飼養籠。

溫度：80～83℉（26.7～28.3℃）的環境，配
上100℉（37.8℃）的曝曬區。

照明：每日12～14小時的全光譜照明。

描述：或許是地球上最震撼視覺的蜥蜴。這種華麗的生物呈翡翠綠，兩
側佈滿海藍與黑色的水滴狀斑點。該物種雄性的背部與頭部皆長了同色
且突出的肉冠。特別俊俏的個體還會綠到近乎呈藍色。

　　以「耶穌蜥蜴」聞名遐邇，雙冠蜥真的擁有在水面上奔跑逃離掠食
者的能力。當然，很少飼養環境大到能重現這項卓越的事蹟。意料之
內，這種蜥蜴戒心極重，許多愛好者因為其驚人的美貌而購買，卻發現
自己無法滿足飼養需求。雙冠蜥必須養在三面以不透明顏料、塑膠或紙
遮住的飼育箱，這樣能增加牠們的安全感，有助避免磨鼻行為。

　　成蜥的體色會隨著時間褪去，不過知名爬蟲類權威Dick Bartlett建

議，在餐點中添加額外的 β-胡蘿蔔素補充品，可以扭轉這個情況。雖然雌蜥的體色較不鮮豔，性格卻較為平穩。

寵物合適度： 5。除非是在生態飼育箱飼養大型食蟲蜥的老手，否則務必避開雙冠蜥。牠們不適合新手，牠們精瘦、具部分攻擊性，並且在沒那麼理想的飼養條件下，容易弄傷牠們自己或餓死。

白紋守宮（*Gekko vittatus*）

分布： 馬來群島、其他太平洋島嶼。

尺寸： 絕少超過10英吋（25.4公分）。

飲食： 昆蟲，尤其是蛾和有翅膀的甲蟲。會飲用噴在葉子、飼育箱壁及裝飾品的水珠。

壽命： 八年或以上皆不罕見。

飼育箱尺寸： 20加侖（75.7公升），最好配上大量攀爬物與垂直躲藏處。務必選用垂直取向的飼育箱。

溫度： 環境溫度應該在80℉（26.7℃）左右，配上達到90～95℉（32.2～35℃）的熱點。

照明： 不需特殊照明。

描述： 俗名來自一條連續或不連續的直線，沿著面部兩側至頸部底部交會後，

雙冠蜥物種除了雙冠蜥外，在愛好者間最常見的為棕雙色蜥（*B. basiliscus*）。

再順著背部和尾巴的中線而下。白紋守宮身著棕色、淺棕色的外皮，在特別俊俏的個體，上面還有會橄欖綠。尾巴常會有與條紋同樣白的破碎

斑點，或是連續的白色環紋。眼睛很大，瞳孔呈垂直橢圓形，而腳趾可以黏在任何表面上。如同其他樹棲性守宮，白紋守宮不該把玩，若無視警告就會咬人。

寵物合適度：1。目前夜行性樹棲型守宮之中，這是個人最愛的物種。體型夠大容易觀察，且顏色和圖案獨特，同時又很強壯。

大守宮（*Gekko gecko*）

分布：東南亞，被引進至許多其他地方並落地生根。

尺寸：可達13英吋（33公分）。

飲食：昆蟲、小型齧齒動物、其他蜥蜴。

壽命：18年或以上。

飼育箱尺寸：中等，強調垂直高度及攀爬用樹枝。

溫度：77～83°F（25～28℃）的環境，不需要曝曬區。

照明：夜行性，不需特殊照明。

強健的白紋守宮能成為很棒的展示型動物，但就跟大守宮一樣，牠們被把玩時會很兇猛地咬人。

描述：底色為紫色至淡藍色，沿著背部則有深紅至紅棕，或甚至是鐵鏽色的斑點和小瘤。這樣的大守宮確實是非常俊俏的動物。眼睛非常大，瞳孔呈垂直橢圓形（夜行癖好的證明），嘴裡則是深紫色。腹部平面為淡藍色至白色，有時會有淡淡的紅棕色斑點。尾巴通常會有條紋。腳趾幾乎能穩穩抓住所有平面，甚至玻璃。大守宮是最常發聲的守宮之一，被侵擾或交配前會大叫。除了寵物市場，在許多亞洲文化中則是食物與藥材來源，因此人工繁殖的大守宮增加。市場開始出現數種人工繁殖的顏色變異。

寵物合適度：2。我很想將大守宮評為1，因為牠強壯又美麗，但我做不到。這是隻惡毒的守宮！如果只把牠當展示型動物，那麼絕對是傑出的

如同多數樹棲性蜥蜴，大守宮在噴霧後，會舔食身上和環境的水珠。

選擇，但有勇無謀的愛好者將手放到大守宮面前，馬上就會知道這隻守宮咬得多大力。

山岳物種

　　本書要討論的最後一種生物聚落為山岳環境。從熱帶叢林取出所有濕氣和落葉，與高海拔更涼爽的溫度混合起來，全世界的山岳棲息地包含在別處無法繁衍的野生動物。由於照顧山岳爬蟲類的難度及勞心程度，故寵物市場很少出現其蹤跡。如果是照顧爬蟲類的老手，想嘗試一點新東西，我強烈建議先花大量時間對所選的物種做功課，這樣才能得到長久又有收穫的飼養經驗。

孔雀針蜥（*Sceloporus malachiticus*）

分布：中美洲，從猶加敦到巴拿馬。

尺寸：可能超過8英吋（20.3公分）。

飲食：昆蟲，偶爾吃植物。噴霧並提供水盆。

壽命：在理想環境下可能超過六年。

飼育箱尺寸：至少30加侖（113.6公升）的飼育箱，身為攀爬與挖洞好手，這種蜥蜴需要垂直與水平空間。

溫度：75℉（23.9℃）的環境，配上90～93℉（32.2～33.9℃）的曝曬區。能夠忍受夜間大幅度的溫度下降。

照明：每日10～12小時全光譜照明。

描述：當針蜥處於特別健康的狀態時，牠鮮豔的外皮會是金屬綠、藍、黃，甚至是橘。頸部下有一條黑色條紋，恰巧在前肢前方。雄性的腹部有兩枚新月形的藍色記號，體溫升高時顏色會變深。雌蜥的體型稍小，顏色比雄性黯淡。鱗片粗又厚。

　　比起牠們的沙漠針蜥弟兄，這些蜥蜴需要更涼爽的溫度。相對濕

雄性與雌性孔雀針蜥體色差異甚大，雄性在兩者之中較為鮮豔。

度必須為60%或更高，因此每天都要在飼育箱噴霧。孔雀針蜥必須養在有空調且充滿生氣的生態缸，使用具活體生物的底材以處理牠們的排泄物。

寵物合適度：3。只要有適中的溫度與濕度，孔雀針蜥通常會生長良好。不過，牠們常被當成其他沙漠型針蜥，慘遭極度脫水與過度加熱的待遇。

山角蜥（*Acanthosaura* spp.）

分布：亞洲南部的山區森林、柬埔寨、寮國、越南及中國南部。

尺寸：可達12英吋（30.5公分）。

飲食：特別熱愛昆蟲、蠶和蚯蚓。每餐都要給予補充品。

壽命：不明。進口的個體只有少數活到超過數週。照顧有方的話，壽命也許可達五至六年，未經證實的紀錄有活到九年的個體存在。

飼育箱尺寸：愈高愈好，29加侖（109.8 公升）可用，更大的飼育箱也行。這些蜥蜴喜歡爬到牠們可及的最高樹枝上，因此務必使用垂直取向的飼育箱。

溫度：環境在74～76℉（23.3～24.4℃）。曝曬區為90～93℉（32.2～33.9℃）。夜間溫度降至67～69℉（19.4～20.6℃）。每天對飼育箱噴霧，將相對濕度維持在70至80%。

照明：有些愛好者說不需要紫外光燈，有些卻斷言有必要用，以利代謝維生素D，為了蜥蜴的健康最好謹慎行事，每天提供8～10小時的全光譜照明。

描述：這些蜥蜴在亞洲高海拔森林才能看到，俗名取自牠們極度史前風味的外表：底色為橄欖綠至棕色、淡紅色，或甚至是斑駁的綠藍色與黃色。這些蜥蜴有著小而厚實的裝甲鱗片。顱骨有很高的突起，多數物種展示了大量的背脊尖刺鱗片，依物種不同，這些釘子般的鱗片長度有所差異。

所有物種都是死忠的樹棲性，甚至完全不到地面都能活好幾年。大部分物種都在小河與池塘，有些還會游泳和泡水。常見的販售物種包括 *A. armata*、*A. capra*、*A. crucigera*、*A. lepidogaste*。

寵物合適度：3。人工繁殖的*A. armata*、*A. capra*、*A. crucigera*變得更容易入手，但野生個體仍舊是本物種的主流。若要讓牠們成功地適應人工飼養環境，需要立即補水並治療寄生蟲。

山角蜥的取得

山角蜥目前都能在寵物店以非常合理的價格購得，牠們幾乎都是進口的野生個體，攜帶大量的寄生蟲，急需對爬蟲類經驗老到的獸醫治療。山角蜥在購買時也許會絕食，可能需要強迫餵食（透過注射器）香蕉汁與幼鳥配方奶。待牠們重拾食慾後，改為提供各種活體昆蟲和蚯蚓。

這些蜥蜴好交際、聰明又溫和，似乎非常享受被放在手心，並且能在飼主的手臂和肩膀上爬來爬去。被牠們爬到頭上棲息時別太吃驚！我想不到還有哪個物種更加樂趣無窮。若適應良好且購買後有立即治療寄生蟲問題，山角蜥可以為飼主的生活帶來近十年的美好與幸福。

Randall D. Babb: 80, 91

Marian Bacon: 1, 6, 18, 64, 116, 118, front and back covers

R. D. Bartlett: 25, 27, 71 (both), 77, 81, 82, 87, 88, 98

John Bell (courtesy of Shutterstock) 16

Adam Black: 60

Bob Blanchard (courtesy of Shutterstock): 104

Allen Both: 33, 119

Alex James Branwell (courtesy of Shutterstock): 66

Marius Burger: 83, 90

Michael Campbell: 29

Suzanne L. Collins: 8 (bottom), 21

Steve Cukrov (courtesy of Shutterstock): 117

Cable Foster (courtesy of Shutterstock): 39, 105

Isabelle Francais: 20, 23, 37, 40

Paul Freed: 44, 57, 58, 103 (bottom)

Niels Gerhardt (ss): 12

James E. Gerholdt: 95

Michael Gilroy: 3, 4

Jay Hemdal: 48

Ray Hunziker: 36, 42

Vladislav T. Jirousek: 35

W. P. Mara: 17

Sean McKeown: 106, 109

Gerold and Cindy Merker: 14, 38, 49, 51, 62, 68, 73, 79, 86, 92 (both)

Kenneth T. Nemuras: 97

Aaron Norman: 72

Mella Panzella: 76

Carol Polich: 8 (top), 75, 78

Dr. Morley Read (courtesy of Shutterstock): 111

Manfred Roger: 30

Wayne Rogers: 113

Mark Smith: 10, 53, 54

Karl H. Switak: 70, 84, 85, 99, 101, 103 (top), 110, 120 (both)

Nancy Tripp (courstesy of Shutterstock): 45

John C.Tyson: 89

Maleta Walls: 32, 46, 93

國家圖書館出版品預行編目資料

完整食蟲蜥照護指南 / 菲利浦‧玻瑟（Philip Purser）著；
江欣怡譯. -- 初版. -- 臺中市：晨星，2020.04
　　面；　公分. --（寵物館；95）

譯自：Complete herp care insect-eating lizards

ISBN 978-986-443-976-8（平裝）

1.爬蟲類　2.寵物飼養

388.7921　　　　　　　　　　　　　　　　108023327

掃瞄QRcode，
填寫線上回函！

寵物館95

完整食蟲蜥照護指南

作者	菲利浦‧玻瑟（Philip Purser）
譯者	江欣怡
編輯	林珮祺
排版	曾麗香
封面設計	言忍巾貞工作室

創辦人　陳銘民
發行所　晨星出版有限公司
　　　　407台中市西屯區工業30路1號
　　　　TEL：04-23595820　FAX：04-23550581
　　　　行政院新聞局局版台業字第2500號
法律顧問　陳思成律師
初版　西元 2020 年 4 月 15 日

總經銷　知己圖書股份有限公司
　　　　106 台北市大安區辛亥路一段 30 號 9 樓
　　　　TEL：02-23672044 / 23672047　FAX：02-23635741
　　　　407 台中市西屯區工業 30 路 1 號 1 樓
　　　　TEL：04-23595819　FAX：04-23595493
　　　　E-mail：service@morningstar.com.tw
網路書店　http://www.morningstar.com.tw
讀者服務專線　04-23595819#230
郵政劃撥　15060393（知己圖書股份有限公司）
印刷　上好印刷股份有限公司

定價380元

ISBN 978-986-443-976-8

Complete Herp Care Insect-Eating Lizards
Published by TFH Publications, Inc.
© 2008 TFH Publications, Inc.
All rights reserved